Ferenc Acs

Sobre a classificação climática do século XXI

Ferenc Acs

Sobre a classificação climática do século XXI

Análises multirregionais europeias

Imprint
Any brand names and product names mentioned in this book are subject to trademark, brand or patent protection and are trademarks or registered trademarks of their respective holders. The use of brand names, product names, common names, trade names, product descriptions etc. even without a particular marking in this work is in no way to be construed to mean that such names may be regarded as unrestricted in respect of trademark and brand protection legislation and could thus be used by anyone.

Cover image: www.ingimage.com

This book is a translation from the original published under ISBN 978-620-2-00302-5.

Publisher:
Sciencia Scripts
is a trademark of
Dodo Books Indian Ocean Ltd. and OmniScriptum S.R.L publishing group

120 High Road, East Finchley, London, N2 9ED, United Kingdom
Str. Armeneasca 28/1, office 1, Chisinau MD-2012, Republic of Moldova, Europe
Printed at: see last page
ISBN: 978-620-7-74108-3

Índice:

Prefácio

Neste livro, tento dar um pequeno contributo para a consciencialização da Terra, analisando o clima da região europeia e o processo de alterações climáticas em curso. O clima da Terra está a mudar cada vez mais no século XXI, o que confere especial atualidade ao tema escolhido. O assunto é abordado da forma mais simples possível do ponto de vista dos métodos genéricos de classificação climática. Entre estes, escolhi o método revisto de Feddema (2005), de tipo Thornthwaite, porque parece ser um instrumento eficaz não só para análises à escala continental mas também à escala regional. No entanto, antes disso, apresento uma discussão alargada das características mais importantes do método. O método é aplicado tanto ao século XX como ao século XXI, tratando não só as distribuições dos tipos de clima mas também os processos de mudança climática. São efectuadas análises à escala regional para a região da Europa Central, centradas no papel dos efeitos do terreno.

A estrutura do livro é a seguinte: O clima e a sua receção pelo homem são brevemente desenvolvidos na *Introdução*, mais precisamente na secção 1.1. Algumas reflexões sobre os princípios da classificação climática são apresentadas na secção 1.2. Uma perspetiva subjectiva relacionada com alguns possíveis desafios na ciência da classificação climática no século XXI é delineada na secção 1.3. A motivação da escolha do método de Feddema (2005) para analisar o clima e as alterações climáticas da região europeia é explicada na secção 1.4. O método de Feddema (2005) é apresentado na íntegra na secção *Método* (secção 2). Os dados meteorológicos e as características básicas das regiões estudadas (região europeia e sub-região centro-europeia) são brevemente descritos na secção *Regiões e dados* (secção 3). Todos os resultados serão apresentados na secção "*Análises*" (secção 4). A sensibilidade dos mapas climáticos à parametrização da evapotranspiração potencial (PET) é discutida na secção 4.1. Note-se que o método de Feddema pode ser ajustado. Esta importante questão é analisada na secção 4.2. O clima das terras altas europeias é significativamente determinado pelo relevo. Este assunto é analisado na secção 4.3, comparando os climas dos Alpes europeus na região suíço-austríaca e na bacia da Panónia. O clima na Europa e as alterações climáticas na região europeia são discutidos em pormenor na secção 4.4. Por último, na secção 5, são apresentadas as principais conclusões e uma perspetiva.

O meu primeiro contacto com métodos genéricos foi em meados dos anos oitenta, no âmbito do curso "Izabrana poglavlja iz biometeorologije" (em inglês: Chosen chapters in biometeorology) na Faculdade de Física e Meteorologia da Universidade de Belgrado. Este contacto manteve-se desde que, ao longo dos anos, leccionei disciplinas de Agrometeorologia e Biofísica Ambiental na Faculdade de Agricultura da Universidade de Novi Sad. Nestes tempos passados, eu via o trabalho de Koppen e Thornthwaite apenas como coisas "interessantes", não via o nível mais elevado que eles procuravam atingir: compreender o funcionamento da Terra. Isto é especialmente verdade para Koppen, que também trabalhou em paleoclimatologia (Koppen e Wegener, 2015) com o seu genro, Alfred Wegener, que concebeu a hipótese da deriva continental (Wegener, 1929). Mais tarde, a partir da segunda década deste século, tornei-me mais ativo no domínio dos métodos genéricos na Universidade

Eotvos Lorand, em Budapeste. Concentrámo-nos mais intensamente no método de Feddema quando vimos que o método era adequado para classificar o clima à mesoescala. As primeiras tentativas foram relacionadas com a bacia da Panónia (Acs et al., 2015). Já no início, tive uma grande ajuda dos meus alunos, que, por exemplo, efectuaram todas as simulações e produziram quase todas as figuras enquanto escreviam as suas teses de licenciatura (Skarbit, 2012) e de pós-graduação (Skarbit, 2014; Takacs, 2016). Devo sublinhar que, na maioria dos casos, esta colaboração frutuosa continuou depois de terminarem os seus estudos. Os meus agradecimentos especiais vão para Hajnalka Breuer, Nora Skarbit, Dominika Takacs, Amanda Imola Szabo e Tamas Mona. Gostaria também de expressar os meus agradecimentos a todos aqueles, como Kalman Rajkai e Michael Hantel, que viram a minha visão, que foi concretizada através de discussões intermináveis no domínio interdisciplinar das interacções solo-vegetação-atmosfera.

Budapeste, 7 de setembro de 2017 Ferenc Acs

Capítulo 1

1 Introdução

1.1 Clima e classificação climática

O clima é o conjunto de todas as características físicas, químicas e biológicas do sistema climático. Este é um termo condensado para expressar todas as características físicas, químicas e biológicas do sistema climático. O sistema climático possui uma série de componentes, tais como a atmosfera, a hidrosfera, a criosfera, a biosfera, a pedosfera e a litosfera. O sistema climático compreende a Terra ou as suas subunidades maiores, como os continentes ou as regiões geográficas. Os seus componentes interagem entre si (Hantel e Haimberger, 2016), gerando energia, bem como processos de troca de massa e de momento através das suas superfícies limítrofes. Devido a isto, os componentes do sistema climático estão num estado de mudança permanente, onde as escalas espácio-temporais dos processos variam de centímetros a milhares de quilómetros e de segundos a milénios. Todas estas alterações são principalmente impulsionadas pela energia da radiação solar.

A formação do clima pode ser representada de uma forma mais fácil do que a descrita acima, centrando-se sobretudo na atmosfera. A atmosfera é a componente do sistema climático em que as alterações são mais rápidas. O clima da Terra é determinado por forças astronómicas externas (condições no topo da atmosfera), pela tectónica de placas (condições na base da atmosfera), por processos atmosféricos internos e pela existência da biosfera. Cada um destes factores varia ao longo do tempo e, naturalmente, a forma como mudam ao longo do tempo também difere. Entre estes, o forçamento astronómico externo é extremamente importante. O clima solar, ou seja, a distribuição espácio-temporal da radiação solar recebida no topo da atmosfera, é determinado pela obliquidade da Terra e pela sua revolução em torno do Sol. A sua distribuição é estritamente zonal e possui uma forte sazonalidade (nos períodos de verão e de inverno, a Terra está inclinada para o Sol e afastada dele, respetivamente). Esta distribuição estritamente zonal é ilustrada na Fig. 1a, onde são apresentados os valores médios anuais de irradiância do ISCCP1 para o período 1991-1995.

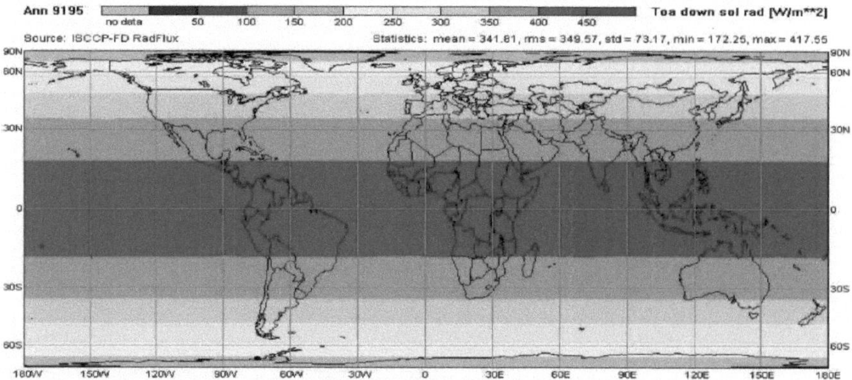

Fig. 1a Distribuição da área da radiação solar média anual descendente no topo da atmosfera para o período 1991-1995 (fonte: ISCCP-FD Radflux, retirado de Hantel et

al. (2005))

A forte sazonalidade pode ser facilmente percebida comparando a distribuição da temperatura do ar por área nos períodos de verão e inverno (Figs. 1b e 1c) usando os produtos de dados CRU05[*][1][2] . Note-se que uma tendência para a distribuição zonal pode ser vista e é especialmente válida, por exemplo, acima da América do Norte nos meses de inverno, ou sobre

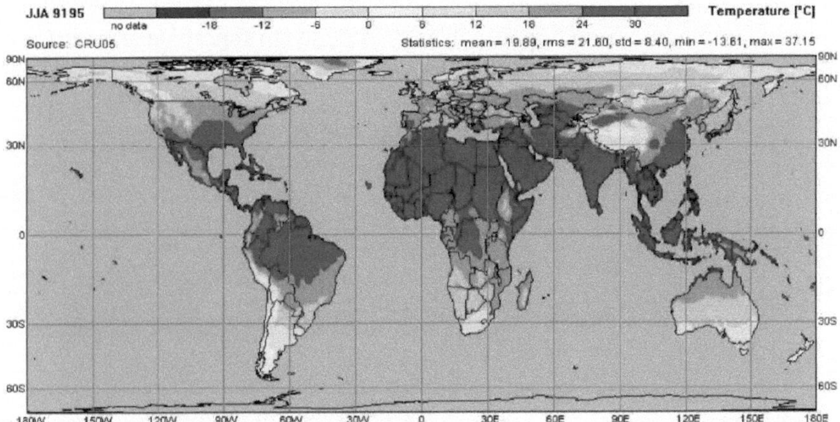

Fig. 1b Distribuição por área da temperatura média do ar no verão (junho, julho e agosto) nos continentes para o período 1991-1995 (fonte: CRU05, retirado de Hantel et al. (2005))

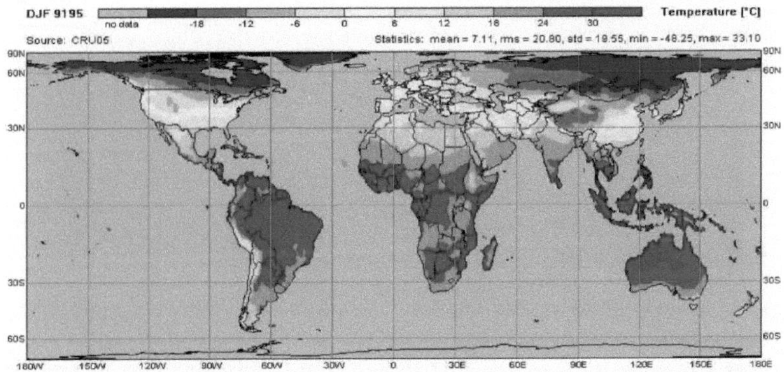

Fig. 1c Distribuição por área da temperatura média do ar no inverno (dezembro, janeiro

[1]ISCCP - O Projeto Internacional de Climatologia de Nuvens por Satélite é realizado no âmbito do Programa Mundial de Investigação Climática (WCRP), investigando a distribuição global das nuvens, as suas características e variações espácio-temporais. Foi realizado no período de 1983-2010. Mais pormenores podem ser encontrados, por exemplo, nos trabalhos de Rossow e Schiffer (1991, 1999) e Hahn et al. (2001).

[2] CRU05 - Unidade de Investigação Climática, dados da versão 5. Os dados foram criados pela Unidade de Investigação Climática da Universidade de East Anglia sobre as áreas continentais da Terra, sem a Antárctida, para o período de 1901-1998. A descrição do conjunto de dados pode ser encontrada no trabalho de New et al. (2000).

e fevereiro) nos continentes para o período 1991-1995 (fonte: CRU05, retirado de Hantel et al. (2005))
Rússia nos meses de verão. Naturalmente, este facto tem origem na distribuição zonal da radiação solar recebida no topo da atmosfera. O movimento das placas que gera a deriva continental cria cadeias de montanhas onde os efeitos do terreno actuam como um forte fator de modificação do clima. Isto é ilustrado na Fig. 2a, onde se podem ver não só os efeitos meteorológicos (nuvens convectivas e o seu tempo de vida horário), mas também as mudanças no tipo de cobertura do solo em função da altitude (tipos de vegetação e rochas, a magnitude da velocidade da mudança é de alguns metros por ano, em média (por exemplo, Rubel et al., 2016)).

Figs. 2 a) e b) Uma zona de montanha natural e outra cultivada com nuvens levantadas por convecção (fonte: criado pelo autor)
Os processos atmosféricos internos contribuem significativamente para a variabilidade meteorológica, influenciando, por exemplo, os mecanismos de instabilidade dinâmica. Isto pode ser muito bem ilustrado mostrando a distribuição da precipitação na Terra. Esta é representada utilizando os produtos de dados GPCC3 para o período 1991-1995 e é apresentada na Fig. 3. À primeira vista, parece que as zonas húmidas e secas têm uma distribuição bastante desigual, para a qual é difícil criar uma regra.

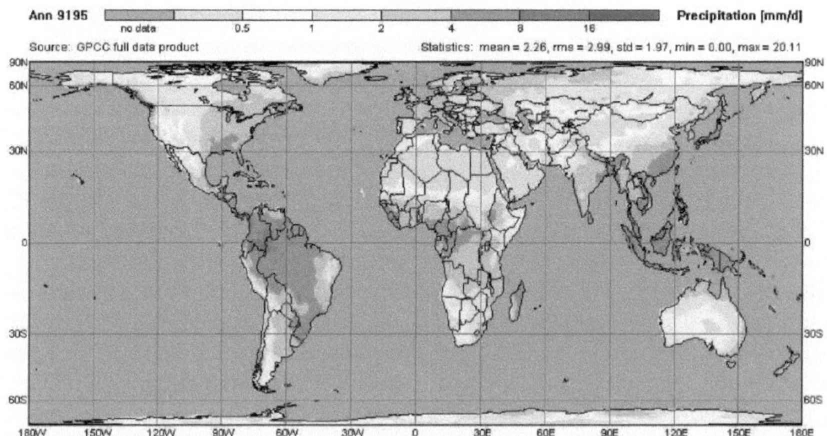

Fig. 3 Distribuição por área da precipitação média anual em terra para o período 1991-1995 (fonte: Produto de dados completos do GPCC, retirado de Hantel et al. (2005))

A biosfera, com a sua relação superfície/massa extremamente grande, é também um importante fator de modificação do clima. A fotossíntese determinou basicamente a evolução da atmosfera terrestre. No passado profundo da escala de tempo geológica, a atmosfera terrestre era redutora, mas já há éons que é oxidativa, devido à evolução acoplada de

[3] GPCC - Centro Global de Climatologia da Precipitação. Os dados foram criados pelo Centro Global de Climatologia de Precipitação do Serviço Meteorológico Alemão sobre áreas terrestres para o período 1951-2004. Mais informações sobre o conjunto de dados podem ser encontradas no trabalho de Rudolf et al. (2003) disponível em http://gpcc.dwd.de.

vida e oxigénio atmosférico (Lenton, 2003). A biosfera desempenha também um papel crucial na troca de gases vestigiais, que são, na maioria dos casos, gases com efeito de estufa. Desde o aparecimento do homem, a biosfera passou a ser um novo "ator", actuando frequentemente como uma perturbação externa. Este facto é ilustrado na Fig. 2b, onde podemos ver uma conversão drástica do tipo de superfície terrestre feita pelo homem numa zona montanhosa. A Figura 2a mostra um ambiente natural, enquanto que, como mencionado, a Figura 2b apresenta um ambiente não natural, criado pelo homem. No ambiente natural prevalecem as condições aeróbicas, enquanto no ambiente não natural prevalecem as condições anaeróbicas. Consequentemente, nas zonas secas, o dióxido de carbono (CO_2) e, nas zonas cobertas de água, o metano (CH_4) são os principais gases de troca (Li, 2007) na interface terra-superfície/atmosfera. De resto, ambos os gases são gases com efeito de estufa, mas o metano é o mais forte. Na Fig. 2b, as áreas inundadas são campos de arroz, a cultura que é determinante nas civilizações do Extremo Oriente[3] .

---

[3] Durante a interação homem-arroz, o arroz desenvolveu um sistema especial de tubagem denominado aerênquima, que lhe permitiu crescer bem em campos inundados. Graças ao aerênquima, os tecidos radiculares submersos têm um fornecimento adequado de oxigénio proveniente da atmosfera, independentemente das condições anaeróbias que prevalecem no leito lamacento dos arrozais. Por outro lado, o sistema de aerênquima também pode ser encontrado noutras culturas de cereais. Muito mais informação sobre as suas características

Entre os factores mencionados, a distribuição zonal da radiação solar recebida no topo da atmosfera é um fator especialmente importante, uma vez que constitui um sinal muito forte. Este facto é visível na distribuição dos biomas terrestres[4], especialmente no hemisfério norte. Note-se que a cultura grega antiga estava de algum modo consciente deste facto (Sanderson, 1998), embora não haja provas inequívocas de que essa imagem do ambiente terrestre se baseasse numa observação científica rigorosa. Uma coisa é certa: os gregos sabiam que o período de luz do dia é mais variável a norte do que a sul. Além disso, Píteas (330 a.C.) foi o primeiro a sugerir que a "duração do dia mais longo" e o clima[5] estavam relacionados (Sanderson, 1998). Poseidónio (135-51 a.C.) já pensava em termos de zonas climáticas e distinguiu sete na superfície da Terra. Estrabão (63 a.C. - 23 d.C.) acreditava, pelo contrário, que existiam cinco zonas, como sugerido por Pitágoras (século VI a.C.). Já nessa altura, Estrabão estava consciente de que o bem-estar da humanidade é fortemente determinado pelo clima e pelas suas flutuações devido à produção agrícola. Outro pensador grego, Ptolomeu (87-150 d.C.), astrónomo e cartógrafo, teve a maior influência na cultura europeia do Renascimento, que é o berço da ciência moderna. Ptolomeu analisou e determinou as relações de três coisas nos seus mapas: a duração do dia mais longo (horae deie longissimi), a latitude em graus (gradus latitudinis) e o número de designação do clima (numeri climatum). Ele via claramente a relação entre o clima e a latitude, e mais, tratava-os como sinónimos (Sanderson, 1998). Um momento importante na evolução da ciência do clima foi a tradução de Angelus da obra de Ptolomeu para o latim, em 1408 d.C. Em meados do século XVI, os mapas medievais indicavam precisamente as latitudes em graus. A necessidade de poder fazer referência ao clima mantinha-se, mas os dados meteorológicos eram escassos. Com o desenvolvimento de instrumentos meteorológicos (por exemplo, termómetros e pluviómetros no século XVII) e o início de medições meteorológicas regulares (por exemplo, na Baviera, no período de 1781-1792, organizadas pela Societas Meteorologica Palatina), esta lacuna foi lentamente colmatada. O primeiro mapa mundial de temperaturas médias mensais foi publicado pelo botânico alemão Heinrich Dove em 1848. Os primeiros atlas meteorológicos foram criados no final do século XIX (por exemplo, Hann, 1887; Bartholomew et al., 1899). Estes atlas continham muitos mapas mundiais, por exemplo, o mapa mundial das temperaturas médias anuais e mensais, das pressões médias anuais e mensais, das isoietas mensais (linhas de precipitação), das trajectórias e frequências mensais das tempestades, etc. Com o aumento da recolha de dados meteorológicos, o conhecimento também aumentou. Do ponto de vista da ciência da classificação climática, o conhecimento acumulado em biogeografia foi particularmente relevante. Assim, por exemplo, no que diz respeito à

---

e formação pode ser encontrada, por exemplo, no trabalho de Yamauchi et al. (2013).

[4] Uma expressão para designar comunidades ecológicas distintas na Terra. A distribuição geográfica dos biomas terrestres está intimamente relacionada com a distribuição geográfica do clima. O nome do bioma é geralmente atribuído através do seu tipo de vegetação mais típico (por exemplo, floresta tropical húmida ou floresta temperada de folha larga).

[5] A noção de clima foi introduzida pela primeira vez pelos gregos antigos. Com a palavra clima, aludiam à disponibilidade de calor numa região, que era determinada pela posição de uma região entre o equador e os pólos. Parece que introduziram esta noção com base na experiência de primeira mão obtida in situ e no decurso de viagens.

vegetação, o cientista sabia que a sua distribuição espacial era um produto coletivo do clima, da história fitogeográfica, dos regimes de perturbação e do isolamento geográfico. Entre estes factores, Humboldt e Bonpland (1807) destacaram o papel do clima. Foram os primeiros a revelar e a discutir a covariação vegetação-clima, que é claramente visível à escala global ou continental.

Com base nestes resultados meteorológicos e biogeográficos, Wladimir Koppen[6] (1900, 1918) criou o primeiro método de classificação climática quantitativa logo no início do século XX. Koppen combinou os antigos conhecimentos dos gregos (o clima na Terra depende marcadamente das latitudes) e as duas mais recentes descobertas biogeográficas (a distribuição da vegetação por área está intimamente relacionada com a distribuição do clima por área e o tipo de vegetação que se pode desenvolver numa área é determinado principalmente pelas variações anuais da temperatura e/ou da precipitação nessa área) num sistema quantitativo unitário baseado em algoritmos simples aplicados principalmente à temperatura. Deve sublinhar-se que o objetivo de Koppen era construir um método de classificação do clima e não do tipo de vegetação (por exemplo, Prentice et al., 1992) à escala global. Uma das representações de Koppen do clima global pode ser vista na Fig. 4. Podemos ver que as chamadas fórmulas de Koppen são apresentadas não só sobre as superfícies terrestres mas também sobre as superfícies oceânicas. Tratamentos semelhantes, mas com outros conjuntos de dados, podem também ser encontrados, por exemplo, no trabalho de Walterscheid (2009) e/ou Rohli et al. (2015). É claro que isso é possível, mas uma coisa deve ser enfatizada: há correlação apenas entre os tipos de clima de Koppen e os biomas terrestres. Relativamente aos mares e/ou oceanos, essa correlação não existe (Spalding et al., 2007). O clima não afecta muito os biomas marinhos, embora se possa aplicar uma ampla divisão latitudinal de regiões polares, temperadas e tropicais (Longhurst, 1998). Também podemos ver, por exemplo, que a fronteira entre os climas E e D (critério: $T^{max} < 10\ °C$, T^{max} é a temperatura média mensal mais elevada do ar no verão) na Ásia e na América do Norte está mais ou menos posicionada onde o intervalo de temperatura a sul 6-12 °C está localizado na Fig. 1b. Naturalmente, existe uma boa sobreposição entre as distribuições dos climas B na Fig. 4 e as áreas de precipitação extremamente baixa na Fig. 3. Koppen trabalhou durante mais de trinta anos no seu sistema de classificação climática e uma apresentação e discussão do

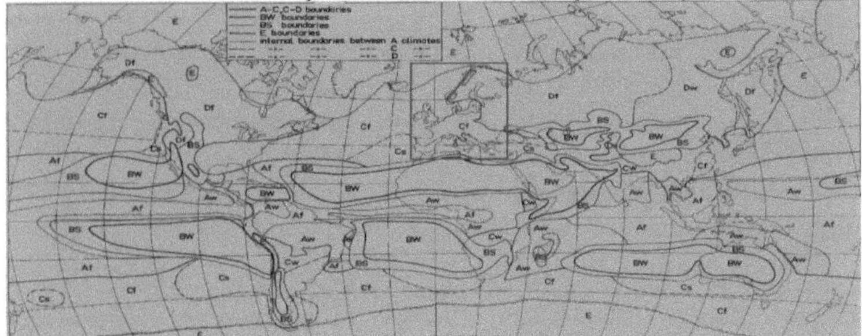

Fig. 4 O mapa mundial da classificação climática de Koppen (Símbolos: A - climas

---

[6] Wladimir Köppen era de etnia alemã e nasceu na Rússia. Wladimir é um antigo nome eslavo. O seu significado original era "Grande no seu Poder", mas atualmente significa "Dono da Paz".

tropicais chuvosos; BS - clima árido, estepe, pradaria; BW - clima árido, deserto quente; C - climas temperados chuvosos (quentes); D - floresta boreal e climas de neve; E - climas frios de neve, tundra, deserto polar; s - estação seca de verão; w - estação seca de inverno; climas húmidos sem estação seca marcada). A janela da região europeia utilizada neste livro é assinalada por um retângulo vermelho (a Fig. 4 foi retirada de Bolin (1980), modificada pelo autor)

pode ser lido no trabalho de Koppen (1936). O que também é importante é que o legado de Koppen foi continuado por Geiger (1954, 1961).

O trabalho de Koppen (Koppen, 1884; 1900, 1936) teve uma grande influência na comunidade científica, embora posteriormente a forma de pensar tenha mudado acentuadamente. No decurso do século XX, o pensamento científico em disciplinas ambientais, como a climatologia ou a geografia, deslocou-se para a física[7], e utilizou abordagens físicas (Hantel e Haimberger, 2016). Este tratamento mais recente é claramente visível, por exemplo, nos nomes de "climatologia física" (Budyko, 1963), "climatonomia da evapotranspiração" (Lettau, 1969), "meteorologia física" (Bencze et al., 1982) e assim por diante. A influência de Koppen e o "novo pensamento" podem ser observados, por exemplo, nos Estados Unidos. Carl Sauer, professor de geografia na Universidade da Califórnia em Berkeley, sabia alemão e, como supervisor de Thornthwaite, instou-o a aprender alemão e a ler Köppen[8]. Assim fez Thornthwaite, que estudou cuidadosamente o seu sistema de classificação climática e elaborou um sistema próprio (Thornthwaite, 1931; 1948), que pode ser considerado como uma espécie de crítica ao trabalho de Köppen. Foi o primeiro a introduzir a noção de "evaporação potencial"[9] para caraterizar os regimes térmico e húmido do clima num determinado local. Com este novo desenvolvimento, melhorou a caraterização do clima, aumentando ao mesmo tempo a complexidade e o volume dos cálculos, em comparação com Köppen. É de salientar que os tipos climáticos de Thornthwaite são tipos bioclimáticos identificados como áreas com homogeneidade no ombrótipo (regimes húmidos e secos de humidade) e no termótipo (regimes térmicos frios e quentes), independentemente dos limites do tipo de vegetação. É interessante o facto de Köppen (1936) ter conhecimento dos esforços de Thornthwaite (Thornthwaite, 1931) e ter percebido claramente que a sua abordagem era muito mais simples, pelo simples facto de se basear na biogeografia. Ele descreveu a abordagem de Thornthwaite (1931) em pormenor na secção 6 da sua obra e observou que Thornthwaite criou demasiados tipos de bioclima que só tinham uma utilidade potencial: "Freilich verzichtet Thornthwaite auf einen grossen Teil der möglichen 120 Kombinationen und begnügt sich mit 32, die er mit AA'r, AB'r, AC'r, ... EC'd, nur die letzten mit den Einzelnbuchstaben D', E', F' bezeichnet.[10]" (Em tradução livre: É claro que o número de combinações, ou seja, o número máximo possível de tipos climáticos

---

[7] Não é de admirar, uma vez que o século XX foi o século da física.

[8] Mais exatamente, foi o amigo de Thornthwaite, J.B. Leighly, que lhe recomendou que lesse o trabalho de Koppen. Ambos foram alunos de doutoramento de Carl Sauer.

[9] Ao definir esta noção, Thornthwaite não supôs uma interação entre a superfície e a atmosfera. Ele tratou a atmosfera e a superfície bem irrigada como meios independentes um do outro. Este ponto de vista, com as suas vantagens e inconvenientes, foi amplamente discutido no trabalho de Lhomme (1997).

[10] É de referir que todas as obras de Koppen foram escritas em alemão.

de Thornthwaite é demasiado elevado, cerca de 120, sendo óbvio que muitos deles não existem de todo na realidade. O número de tipos climáticos efetivamente utilizados foi de 32 e os tipos climáticos foram designados por AA'r, AB'r, AC'r, . EC'd, e apenas os últimos com um carácter D', E', F'). É óbvio que o método de Thornthwaite (1931, 1948) era demasiado complexo para aplicações na sala de aula. Apesar disso, o método era popular nos Estados Unidos (por exemplo, Thornthwaite e Mather, 1955) e os seus inconvenientes foram progressivamente corrigidos ao longo dos anos (por exemplo, Willmott e Feddema, 1992). As maiores alterações foram efectuadas por Feddema (2005), que reformulou o método de modo a torná-lo competitivo com o de Köppen. Feddema simplificou drasticamente o cálculo do regime de humidade, por exemplo, o solo como meio e a representação do clima através de fórmulas foram completamente omitidos. Naturalmente, o tratamento baseado no bioclima manteve-se, o que foi claramente elaborado, por exemplo, na página 454 da sua obra.

Até à data, estes dois métodos, o método de Köppen e o método de Feddema baseado em Thornthwaite, são os dois métodos de classificação climática genéricos e descritivos mais utilizados (por exemplo, Rubel e Kottek, 2011; Rohli et al., 2015). Naturalmente, existem também outros métodos, por exemplo, os chamados métodos genéticos (e.g., Hettner, 1911), que diferenciam o clima com base nas massas de ar e/ou circulações atmosféricas que analisam as causas e não a manifestação do clima. Estes métodos também eram conhecidos por Köppen, que escreveu o seguinte a este respeito (Köppen, 1936) "Niederschläge, Bewölkung, selbst der Wind sind so komplizierte Dinge dass wir zunächst noch mit der Feststellung und möglichts übersichtlichen Gruppierung der Tatsachen genug zu tun haben. Es ist daher keine genetische, auf die Ursachen ihrer Entstehung gegründete Klassifikation der Klimate, die ich vorschlage, sondern eine, welche die Tatsachen und ihre Wirkung auf die übrige Natur nur zu einem möglichts klaren Bilde zusammenfassen will. É possível que os mesmos efeitos sejam observados em várias situações diferentes. Erst nachträglich wollen wir auch die Frage nach Entstehung dieses Bildes kurz streifen." (Em tradução livre: A precipitação, a nebulosidade, o vento são, em si mesmos, fenómenos complexos, pelo que a sua determinação e classificação é também uma tarefa difícil. Tendo isto em mente, não sugiro a utilização da classificação climática genética, que trata das causas dos fenómenos, mas sim uma classificação baseada nos impactos impostos à natureza, que são claramente visíveis e podem ser agrupados em quadros únicos. É de referir que diferentes causas podem resultar no mesmo efeito e só mais tarde nos interessa conhecer as causas). É interessante o facto de, já nessa altura, Köppen ter dado uma resposta clara à razão pela qual não prefere e não quer utilizar tais métodos.

Depois de Köppen e Thornthwaite, surgiu a "era dos computadores", com a utilização da nova tecnologia a começar em meados e a tornar-se intensa no final do século XX. As modernas capacidades de computação combinadas com técnicas de classificação sofisticadas e objectivas, como a análise de componentes principais (por exemplo, Davis e Kalkstein, 1990) e a análise de clusters (por exemplo, White e Perry, 1989), representaram grandes avanços metodológicos em relação a métodos mais antigos, como o de Köppen. Por outro lado, as técnicas de classificação mencionadas são também populares na climatologia sinóptica (por exemplo, Kalkstein et al., 1987) e na análise das relações clima-ambiente (por exemplo, Lund, 1963; Blasing, 1975). Estes métodos podem parecer intelectualmente superiores aos métodos genéricos, mas, em termos conceptuais, são muito menos impressionantes (Mather e Gunson, 1995) e as suas aplicações relacionadas com a biogeografia ou o bioclima são ainda limitadas.

Até à data, as aplicações da classificação climática eram sobretudo aplicações à macroescala. Na Idade Média, surgiu o chamado mapa do tipo T-O (a letra T dentro da letra O)[11] para representar o Mundo e as suas zonas climáticas (Sanderson, 1998). Note-se que o método de Köppen (1936) foi construído e optimizado exclusivamente para aplicações à escala global. O método de Thornthwaite (1931), como método rival de Köppen, teve algumas aplicações à escala continental (e.g., Richard, 1962), mas também muitos outros métodos, independentemente do tipo de método (e.g., Oliver, 1970; Wace, 1990), referem-se na maioria dos casos à macro-escala.

1.2 O que é uma boa classificação climática?

Köppen (1936) escreveu o seguinte em relação a este assunto: "Aqui surge a questão de saber se estamos a entrar na desregulação do clima. Dem narürlichen Wunsche nach Genauigkeit steht die Notwendigkeit gegenüber, ein möglichts einfaches, leicht erfassbares und die grossen Züge erkennbar lassendes System zu geben, von dem man auch erwarten darf, dass es Verwendung findet." (Em tradução livre: A questão que se coloca é quantos tipos de clima devem ser diferenciados. Isto é determinado pelos requisitos e pela exatidão da classificação. Um método de classificação climática, que é equilibrado por estes dois factores, deve ser simples, facilmente aplicável e deve ser capaz de reproduzir as características básicas do sistema. Por conseguinte, será frequentemente utilizado). Cerca de dois terços de um século mais tarde, os requisitos básicos alargaram-se um pouco. De acordo com Essenwanger (2001), um método é tanto melhor 1) quanto menos dados de entrada utilizar, 2) quanto mais simples for[12], 3) quanto mais física e menos matematicamente se basear, 4) quanto mais o tipo de clima for simples e inequivocamente definido por ele, 5) quanto mais as características anuais e sazonais forem consideradas e 6) quanto mais a apresentação do mapa for transparente. Como podemos ver, Koppen já tinha percebido que o requisito de simplicidade (método simples[13], o menor número possível de dados de entrada) é a base de uma ampla aplicabilidade. Na minha opinião, aos seis requisitos já mencionados devem ser acrescentados outros dois: o método deve ser aplicável a qualquer escala, desde a macro, passando pela meso, até à microescala[14] e deve também ser adequado a análises de alterações climáticas.

É claro que não existe um método universal que funcione bem em todos os lados, em todos os momentos e em todas as escalas. Os métodos a aplicar dependem fortemente dos objectivos, pelo que são estes que devem ser definidos com a maior precisão possível. Só objectivos formulados com precisão e o melhor cumprimento possível dos critérios acima mencionados podem garantir uma classificação climática

---

[11] O mundo esférico está dividido em três continentes (Europa, África e Ásia) rodeados por oceanos. No mapa estão também assinalados os pontos da bússola.

[12] Pode dizer-se que deve ser tão simples quanto possível.

[13] Note-se que o método não pode ser simples se tiver uma base mais matemática e menos física.

[14] Note-se que a dependência da escala pressupõe uma classificação e uma estrutura hierárquicas, em que pequenas áreas podem estar relacionadas com áreas maiores (por exemplo, Mather e Gunson, 1995)

capaz de reproduzir as principais características do clima real.

1.3 Novos desafios no século XXI

O século XXI será fortemente influenciado pela aceleração da evolução tecnológica e pelas alterações climáticas, evidentemente, se a paz mundial se mantiver. A evolução tecnológica resultará numa superabundância de dados, especialmente em relação à viragem dos séculos XIX e XX. A superabundância de dados significa não só uma infinidade de dados previstos, mas também de dados medidos, e, necessariamente, o tipo (por exemplo, Fanger, 1973) e a resolução espácio-temporal dos campos de dados (por exemplo, Rubel et al., 2016) aumentarão enormemente. Este facto pode ser especialmente sentido nas ciências interdisciplinares (por exemplo, Chan e Ryan, 2009). Esta revolução dos dados, juntamente com as alterações climáticas, que estão a ocorrer (por exemplo, Naidu et al., 2011), representam um novo desafio para a ciência da classificação climática.

Na nova situação, há uma pletora de novos assuntos, por exemplo, a estrutura, ou seja, a distribuição da área do clima na mesoescala é desconhecida em muitos locais do mundo. Isto é ainda mais verdade quando estamos a falar de estruturas de microescala. Ou, um assunto completamente diferente: existe um método de classificação climática que seja aplicável tanto à macroescala, como à mesoescala e mesmo à microescala? Do mesmo modo, existe um método que seja invariável no tempo[15] ? Entretanto, não mencionámos muitas classificações relacionadas com a agricultura, a indústria da construção, os serviços de saúde pública e outros domínios da vida. Uma coisa é certa: a abundância de dados está a crescer exponencialmente, tal como os novos desafios.

1.4 Que temas serão tratados?

Continuamos a pensar que o planeta Terra é um planeta único pelo facto de nele existir vida. A vida, ou, dito de forma mais científica, a biosfera participou ativamente na criação da evolução do clima da Terra. Este facto é reconhecido, discutido e elaborado como a hipótese de Gaia por Lovelock (Watson e Lovelock, 1983; Lovelock, 1992). Independentemente desta relação profunda, o clima é um recurso para a vida e é por esta razão que faz sentido classificá-lo. Uma vez que atualmente a existência da humanidade se baseia no cultivo de plantas, as classificações climáticas estão sobretudo relacionadas com a vegetação. Assim, a classificação mais popular de Koppen (1936) é a classificação baseada na distribuição dos biomas terrestres. Recentemente, foram também publicadas abordagens baseadas diretamente no ser humano (por exemplo, Jendritzky e Tinz, 2009; Yan, 2005). Nestes estudos, o ambiente térmico humano é estimado e classificado. Note-se que também existem estudos (por exemplo, Yang e Matzarakis, 2016) em que estas duas abordagens são combinadas.

Neste livro, utilizaremos a abordagem de Feddema (2005), que está apenas indiretamente relacionada com a vegetação[16] . O método aqui utilizado é o resultado

---

[15] Este tema está parcialmente relacionado com as investigações que tratam, por exemplo, da aplicabilidade do método de Koppen ao tempo profundo (Zhang et al., 2016).

[16] O método de Feddema baseia-se numa estimativa tão simples quanto possível da disponibilidade de calor e de água. Estes dois factores podem influenciar a distribuição da vegetação, mas não são os únicos. A distribuição da vegetação depende também de factores edáficos, da história fitogeográfica, dos regimes de perturbação e do isolamento geográfico.

de vários climatologistas americanos (Thornthwaite, 1948; Thornthwaite e Mather, 1955; Willmott e Feddema, 1992; Feddema, 2005; Elguindi et al., 2014). É principalmente aplicado às condições nos Estados Unidos (por exemplo, Grundstein, 2008) para análises climáticas e de alterações climáticas. Na Europa, é menos conhecido e menos popular, pelo que as suas aplicações europeias não são comuns, além de serem raras. Aplicaremos o método de Feddema (2005) para analisar os processos climáticos e de alterações climáticas na região europeia, tanto à escala regional como continental. Ao analisar o clima, centrar-nos-emos nas suas estruturas de mesoescala. Tentaremos responder à seguinte questão importante: Quando e em que condições o método de Feddema (2005) é adequado para analisar a estrutura de mesoescala do clima? Note-se que os processos de mudança climática podem ser inequivocamente caracterizados usando o método de Feddema (2005). Os processos de mudança climática em termos de características anuais e sazonais podem ser nomeados diretamente, em vez de se descreverem as mudanças de tipo de clima, como, por exemplo, quando se utiliza o método de classificação de Koppen-Trewartha (e.g., Gallardo et al., 2013).

Capítulo 2

2 Método

O esquema de classificação climática global de Feddema é apresentado em Feddema (2005). Como mencionado, o método classifica os tipos de bioclima, ou seja, áreas com homogeneidade de termótipo (regimes térmicos frios e quentes) e homogeneidade de ombrótipo (regimes de humidade húmidos e secos) da forma mais simples possível. O regime térmico é caracterizado através do PET, enquanto o regime de humidade é caracterizado através do índice de humidade I_m. No seu trabalho, Feddema não mencionou qual o procedimento de cálculo que utilizou para estimar o PET. Neste livro, o PET é calculado segundo a fórmula de Thornthwaite (1948), tal como apresentada em McKenney e Rosenberg (1993). Assim, para o mês i^{th} ($i = 1, \dots , 12$)

$$PET_i = 1.6 \cdot \left(\frac{L_i}{12}\right) \cdot \left(\frac{N_i}{30}\right) \cdot \left(\frac{10 \cdot T_i}{I}\right)^A , \quad (1)$$

Onde

$$I = \sum_{i=1}^{12} t_i , \quad (2)$$

$$t_i = \begin{cases} (\frac{T_i}{5})^{1.514}, & if\ T_i > 0 \\ 0, & if\ T_i \leq 0, \end{cases} \quad (3)$$

$$A = 6.75 \cdot 10^{-7} \cdot I^3 - 7.71 \cdot 10^{-5} \cdot I^2 + 1.792 \cdot 10^{-2} \cdot I + 0.49239 . \quad (4)$$

T_i é a temperatura média mensal [°C] e L_i é a duração média mensal da luz do dia [horas]. Nos nossos cálculos, L_i é estimado através do cálculo de L_i para o dia central do mês. Os tipos térmicos, como caraterística anual, podem ser classificados de diferentes formas. A categorização de Feddema (2005) é apresentada na Tabela 1.

Quadro 1 Os tipos térmicos utilizados no esquema original de Feddema (2005)

Tipo térmico	PET anual (mm^year)$^{-1}$
tórrido	>1,500
quente	1,200 - 1,500
quente	900 - 1,200
fixe	600 - 900
frio	300 - 600
geada	0 - 300

Como mencionado, o regime de humidade é estimado através do índice de humidade I_m, que é definido através da precipitação (P) e do PET da seguinte forma:

$$I_m = \begin{cases} 1 - \dfrac{PET}{P}, & if\ P > PET, \\ 0, & if\ P = PET, \\ \dfrac{P}{PET} - 1, & if\ P < PET. \end{cases} \quad (5)$$

P e PET podem referir-se tanto ao mês como ao ano, consoante as características anuais ou sazonais estejam a ser consideradas. Os tipos de humidade, enquanto características anuais, também podem ser classificados de diferentes formas, sendo a categorização de Feddema (2005) apresentada no Quadro 2.

Quadro 2 Tipos de humidade utilizados no esquema original de Feddema (2005)

Tipo de humidade	Índice de humidade (I_m)
saturado	0.66 - 1.00
húmido	0.33 - 0.66
húmido	0.00 - 0.33
seco	-0.33 - 0.00
semiárido	-0.66 - (-0.33)
árido	-1.00 - (-0.66)

A caraterização da sazonalidade é também uma caraterística importante do método. O método de Feddema (2005) tratou este aspeto determinando a) a variável climática que possui sazonalidade e b) a magnitude da variabilidade sazonal. O rácio entre a amplitude anual de P e a amplitude anual de PET tem de ser calculado para determinar qual a variável climática que possui sazonalidade. Os critérios utilizados por Feddema (2005) na sua categorização são apresentados na Tabela 3. Na definição dos critérios, foi relevante se P é duas vezes maior que PET ou, vice-versa, se PET é duas vezes maior que P (Feddema, 2005).

Tabela 3 Critérios para determinar a variável climática que possui sazonalidade de acordo com o esquema original de Feddema (2005)

Variável climática	(Intervalo anual de P)/ (intervalo anual do PET)

Temperatura	< 0.5
Temperatura e precipitação	$0.5 - 2.0$
Precipitação	> 2.0

A magnitude da variabilidade é estimada calculando o intervalo anual de I_m, que pode variar entre -1 e 1. Feddema (2005) decidiu subdividir este intervalo em quatro partes iguais. Os critérios de categorização utilizados tanto para P como para T podem ser vistos na Tabela 4.

Quadro 4 A magnitude da variabilidade sazonal de acordo com o esquema original de Feddema (2005)

Magnitude da variabilidade sazonal	Gama anual de I_m
baixo	0.0-0.5
médio	0.5-1.0
elevado	1.0-1.5
extremo	1.5-2.0

3 Regiões e dados

A análise não é efectuada para toda a Europa, desde o oceano Atlântico até aos montes Urais, mas sim para um território um pouco mais pequeno, embora a sua extensão norte-sul e oeste-leste seja suficientemente grande para efetuar uma análise à escala continental. Esta região europeia, juntamente com uma representação simples do relevo, pode ser vista na Fig. 5. A parte ocidental (a região austríaco-suíça dos Alpes europeus) e a parte oriental (Hungria) da sub-região da Europa Central são tratadas separadamente quando se investiga a sensibilidade à escala. Note-se que, dentro da região austríaco-suíça, uma sub-região da Alta Áustria é tratada separadamente.

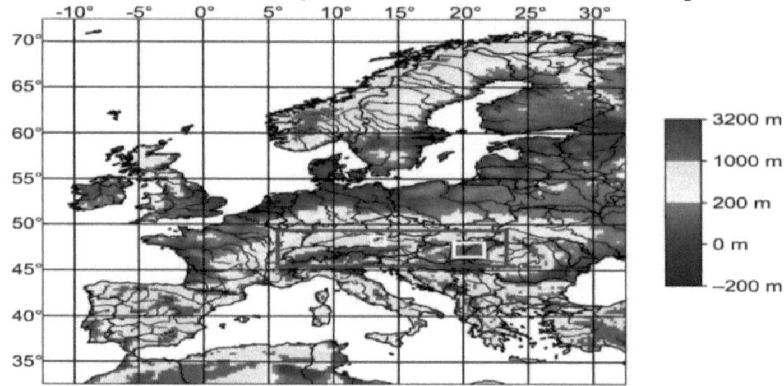

Fig. 5 A nossa região europeia e os seus dados básicos de elevação. Os intervalos de elevação são - 200 - 0 m; 0 - 200 m; 200 - 1000 m; 1000 - 3200 m acima do nível do mar. A sub-região da Europa Central (os Alpes Europeus a oeste e a Bacia da Panónia a leste) é assinalada por um retângulo vermelho. A sub-região da Alta Áustria e a sub-região da Média Hungria estão representadas por um retângulo branco (fonte: criado por Nora Skarbit e Hajnalka Breuer, modificado pelo autor)

para analisar os efeitos de escala. Da mesma forma, na Hungria, é atribuída uma sub-região da Hungria Central para discutir as alterações locais do tipo de clima induzidas pelo ajuste fino das escalas.

O século XX é analisado com base em dados observados. A chamada base de dados CRU TS 1.2 (Mitchell et al., 2004) é utilizada como fonte para calcular os dados mensais da temperatura do ar e da precipitação. A base de dados é um produto bem conhecido da Unidade de Investigação Climática (CRU) da Universidade de East Anglia[18] . A resolução espacial utilizada é de 10'x10' (~18 km x 18 km). Os dados escolhidos para a região situam-se entre as linhas de longitude/latitude -11°-32°/34°-72°, cuja área contém 31143 pontos de grelha. As análises do clima e das alterações climáticas são efectuadas utilizando médias de trinta anos, o que significa que são construídos 71 campos de temperatura média e de precipitação. O século XXI é analisado utilizando dados de projeção do século XXI, construídos no âmbito do projeto ENSEMBLES (van der Linden e Mitchell, 2009), utilizando os resultados de

---

[18] https://crudata.uea.ac.uk/cru/data/hrg/timm/grid/CRU TS 1 2.html é a ligação Internet à base de dados

simulação RCM (Regional Climate Model) assumindo um cenário de emissões A1B, que pressupõe um mundo algo convergente com um crescimento populacional e económico razoavelmente rápido, utilizando todas as fontes de energia de forma equilibrada. Foram utilizados os seguintes RCM: HadRM3Q, CLM, RCA, RegCM, RACMO2, REMO, HIRHAM5, HIRHAM e ALADIN. Os dados possuem uma resolução espacial de 25 km x 25 km na região localizada entre as linhas de longitude/latitude -11°-40,75°/36,5°-74°. Note-se que esta região é um pouco diferente da região utilizada para o século XX. Além disso, estes dados foram corrigidos utilizando o conjunto de dados E-OBS[19] para garantir a homogeneidade entre os dados referentes ao século XX e ao século XXI. Foram utilizados todos os resultados RCM, para permitir a criação da média do conjunto dos campos P e T. Escolhemos também os resultados mais extremos, estabelecendo diferenças de precipitação e temperatura entre os períodos 2071-2100 e 1971-2000. Os resultados do modelo que apresentam os comportamentos mais extremos relativamente aos campos P e T são apresentados na Figura 6. Relativamente à precipitação, o HIRHAM5 produziu o maior aumento, enquanto o HIRHAM o maior decréscimo. O aumento da precipitação do HIRHAM5 é facilmente observável na Península Escandinava, especialmente na sua parte sudoeste. A diminuição (até -200 mm/ano) é observável a partir de 45°N para sul. Apesar disso, o HIRHAM produziu uma diminuição da precipitação muito maior, que pode ser observada até 60°N. Note-se que o aumento de temperatura produzido pelo HIRHAM é a mais pequena. Este aumento é de cerca de 4 °C ou superior apenas nas regiões a norte de 65°N. O HadRM3Q produziu o maior aumento de temperatura. Neste

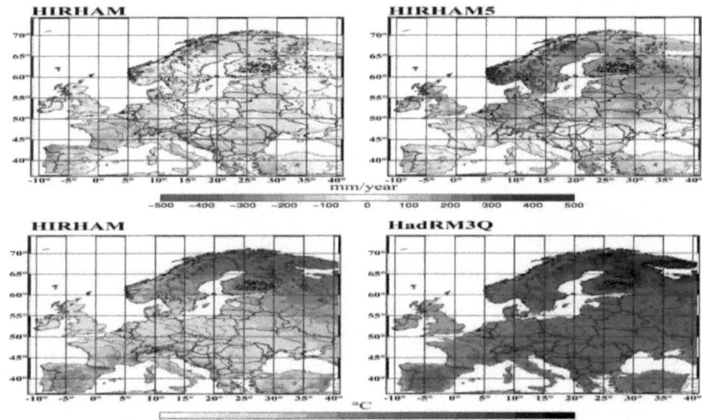

Fig. 6 Distribuição por área das diferenças de precipitação (em cima) e de temperatura (em baixo) referentes aos períodos 2071-2100 e 1971-2000, obtidas utilizando os modelos HIRHAM, HIRHAM5 e HadRM3Q, respetivamente (fonte: criado por Nora Skarbit)

No entanto, os grandes aumentos em torno ou acima dos 4 °C são típicos não só nas regiões setentrionais mas também nas regiões meridionais da Europa.

---

[19]O conjunto de dados do E-OBS contém dados diários de temperatura do ar (mínima, máxima e média), precipitação (Haylock et al., 2008) e pressão (van der Besselaar et al., 2011) numa resolução espacial de 25 km x 25 km referentes ao período 1950-2016.

4 Análises

Como foi referido, o método de Thornthwaite (1948) pode ser interpretado como uma resposta crítica ao método de Koppen (1936), uma vez que utilizou uma abordagem completamente nova baseada na noção de PET. O método de Feddema (2005) é possivelmente[20] um produto final da abordagem de tipo Thornthwaite. Nestas abordagens, o PET é o fator mais importante. A sua utilização pode ser simultaneamente desvantajosa e vantajosa. A desvantagem é o facto de ter de ser parametrizado, o que não é uma tarefa simples. A vantagem é que os regimes térmicos e de humidade, que são determinados pelo PET, são definidos pelas gamas PET e Im. O que deve ser sublinhado no método é o facto de se utilizarem domínios em vez de valores, que podem ser subdivididos ou alargados, pelo que o método pode ser afinado. Estes dois aspectos importantes (parametrização e afinação do PET), juntamente com o efeito do terreno, serão analisados em pormenor antes da discussão dos processos climáticos e de alteração climática da região europeia.

4.1 Sensibilidade à PET

O PET desempenha um papel crucial na estimativa dos regimes térmico e húmido, independentemente de se considerarem características anuais ou sazonais. O PET deve ser estimado sempre com precaução e a sua verificação é um problema ainda mais difícil. Ao mesmo tempo, o método de Feddema (2005) é, em certa medida, sensível a alterações do PET. De seguida, apresentam-se algumas experiências em primeira mão relacionadas com esta questão e referentes à Hungria. Em primeiro lugar, serão apresentadas algumas parametrizações do PET.

4.1.1 Parametrizações PET

O espetro de fórmulas para estimar o PET é vasto (por exemplo, Jianbiao et al., 2005). As fórmulas PET mais simples utilizam apenas T como entrada (por exemplo, Xu e Singh, 2001). Os métodos mais intensivos em dados e baseados na física baseiam-se na equação de Penman-Monteith (por exemplo, Choudhury, 1997). Entre estes, há métodos que utilizam a radiação e a temperatura e/ou humidade do ar como informação tão simples quanto possível. Alguns desses métodos são apresentados de seguida.

Fórmula de Priestley-Taylor

A fórmula de Priestley-Taylor (1972) é bem conhecida, onde a quantidade básica é a radiação,

$$PET_{PT} = \alpha_{PT} \cdot \frac{\Delta}{\Delta + \gamma} \cdot \frac{R_n - G}{\lambda}, \quad (6)$$

em que α_{PT} é o coeficiente de Priestley-Taylor (o seu valor médio é 1,26), Δ é o declive da curva da pressão de vapor de saturação à temperatura do ar T |hPad<-11, γ é o constante psicrométrica [hPa·K^{-1}], λ é o calor latente de vaporização [MJ^kg-1], R_n é a radiação líquida da superfície |M.Pnr^d-1] e G é o fluxo de calor à superfície do solo [M.Pnr^d-1]. O PETPT é expresso em [mnrd^{-1}]. R_n e G são parametrizados segundo o

---

[20] A incerteza em "possivelmente" será revelada no futuro.

trabalho de Allen et al. (1998).

Fórmula de Hargreaves-Samani

A fórmula de Hargreaves-Samani (Hargreaves e Samani (1982, 1985)) depende tanto da temperatura como da radiação,

$$PET_{HS} = c_1 \cdot R^t \cdot T_d^{0.5} \cdot (T + 17.8), \quad (7)$$

em que c1 é um coeficiente empírico (utilizámos 0,0023 para este efeito), R^t é a radiação solar no topo da atmosfera [M.Hn⁻ ^d⁻ 1], Td é a diferença entre a temperatura máxima e mínima diária do ar [°C] e T é a temperatura média diária do ar [°C]. PETHS é expresso em [mm-d⁻¹].

Fórmula de Blaney-Criddle

A radiação é apenas implicitamente referida na fórmula de Blaney-Criddle (Blaney e Criddle, 1950), através de um termo de duração do sol potencial relativo,

$$PET_{BC} = c_2 + c_3 \cdot rsd \cdot (8.128 + 0.457 \cdot T), \quad (8)$$

em que c2 e C3 são coeficientes empíricos segundo (Schrodter, 1985) (c2=-1,55 e c3=0,96), *rsd* é o rácio entre a duração potencial diária média mensal da luz solar e a soma anual da duração potencial da luz solar expressa em percentagem e T é a temperatura do ar [°C]. PETBC é dado em | miird⁻¹].

Fórmula Antal

A fórmula de Antal (Antal, 1968) depende não só da temperatura do ar T [°C] mas também do défice de pressão de vapor [hPa], ou seja

$$PET_A = 0.74 \cdot [e_S(T) - e]^{0.7} \cdot (1 + \alpha_{air} \cdot T)^{4.8}. \quad (9)$$

es(T) é a pressão de vapor saturado a T, e é a pressão de vapor efectiva e aair é o coeficiente de dilatação térmica do ar (utilizámos 3,740⁻³ para este efeito). Tal como nas fórmulas anteriores, A PETA é dada em [miird⁻¹].

4.1.2 Mapas climáticos obtidos por diferentes parametrizações PET

Os mapas climáticos considerados referem-se ao início do século XX, mais precisamente ao período 1901-1930. As características térmicas e de humidade anuais serão consideradas para realçar a essência. Para sermos mais eficazes, utilizaremos a informação importante apresentada na Fig. 7, onde estão assinaladas as principais regiões geográficas da Hungria. A região estudada está situada entre as linhas de longitude/latitude 16°- 23°/45,17°-49°, contendo 1032 pontos de grelha.

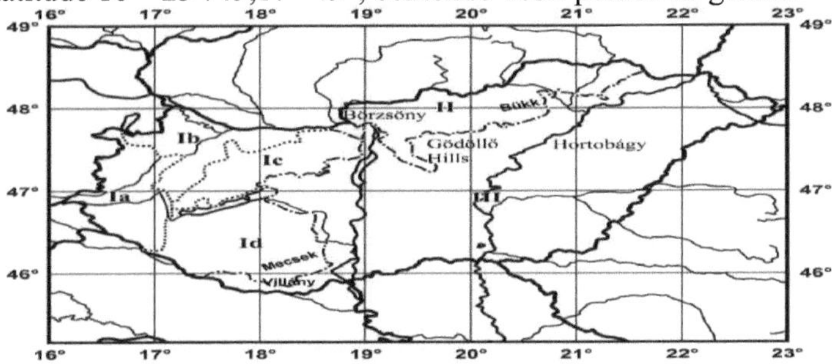

Fig. 7 A Hungria com as suas principais regiões geográficas e montanhas. I

Transdanúbia (sub-regiões: Ia Região de Alpokalja, Ib Pequena Planície Húngara, Ic Montanhas da Transdanúbia, Id Colinas da Transdanúbia), II Montanhas do Norte da Hungria e III Grande Planície Húngara. Algumas das principais designações geográficas estão também assinaladas no mapa (fonte: criado por Hajnalka Breuer)

O clima da Hungria obtido pelo método de PETPT e Feddema (2005) é apresentado na Fig. 8. Aqui, as principais características climáticas da Hungria são mais ou menos reproduzidas: o tipo de clima "fresco, seco" com sazonalidade extrema de T na extensa

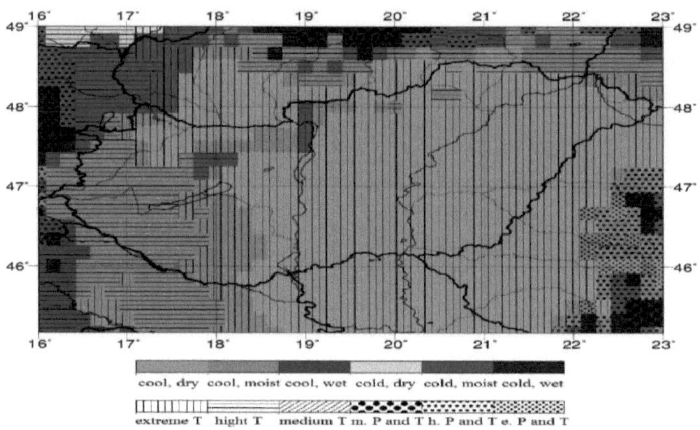

Fig. 8 O clima da Hungria no período 1901-1930 obtido usando a parametrização PETPT (Priestly e Taylor, 1972) e o esquema original de Feddema (2005). Abreviaturas: m. - médio, h. - alto, e. - extremo (fonte: criado por Nora Skarbit, modificado pelo autor)

nas zonas de planície da Grande Planície Húngara, o tipo de clima "fresco, húmido" com sazonalidade alta ou extrema de T na Transdanúbia e/ou nas Montanhas do Norte da Hungria e o tipo de clima esporádico "frio, húmido" apenas nas zonas de montanha. Pelo contrário, o clima da Hungria obtido com o esquema original de PETHS e Feddema é muito mais quente e seco. Este mapa climático é apresentado na Fig. 9.

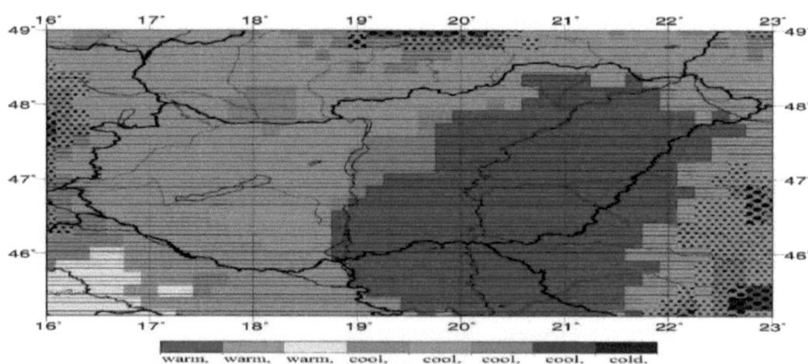

Fig. 9 O clima da Hungria no período 1901-1930 obtido usando a parametrização

PETHS (Hargreaves e Samani, 1985) e o esquema original de Feddema (2005).

Abreviaturas: m. - médio, h. - alto (fonte: criado por Nora Skarbit, modificado pelo autor)

O tipo de clima "quente, semiárido" prevalece na Grande Planície Húngara, mas quando nos deslocamos para oeste, em direção à Transdanúbia, podemos observar a transformação do tipo de clima "quente, semiárido" ^ "frio, semiárido" ^ "frio, seco". O tipo de clima "fresco ou frio, húmido" não existe de todo. Em todo o país, o tipo de sazonalidade é "alta sazonalidade de T". O clima extremamente quente e seco é obtido através da utilização da parametrização PETBC. Este mapa climático é apresentado na Fig. 10.

1901–1930

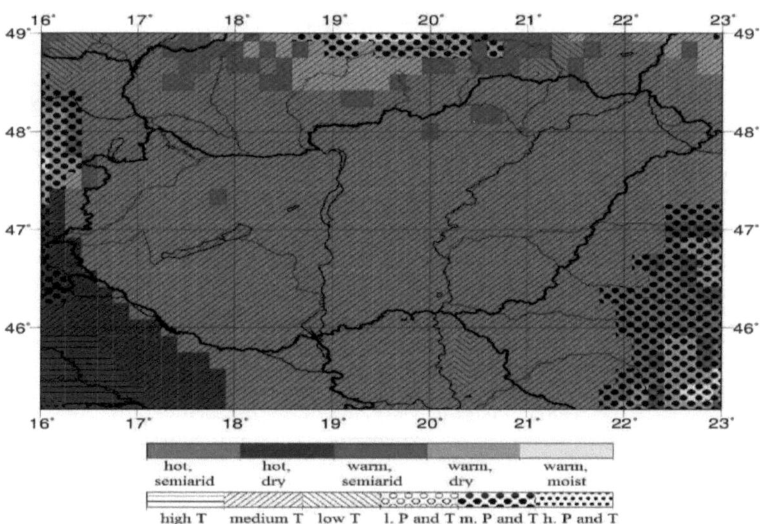

Fig. 10 O clima da Hungria no período 1901-1930 obtido usando a parametrização PETBC (Blaney e Criddle, 1950) e o esquema original de Feddema (2005).
Abreviaturas: l. - baixo, m. - médio, h. - alto (fonte: criado por Nora Skarbit, modificado pelo autor)

Neste caso, o tipo climático predominante é o tipo climático "quente, semi-árido". O tipo climático "quente, semiárido" pode ser encontrado esporadicamente na região de Alpokalja e nalgumas zonas de montanha nas montanhas da Transdanúbia e nas montanhas do Norte da Hungria. Tal como no caso anterior, apenas o tipo de sazonalidade "sazonalidade média de T" existe em toda a Hungria. O mapa climático obtido com o PETA difere completamente do mapa climático obtido com o PETBC. Este facto pode ser observado na Fig. 11.

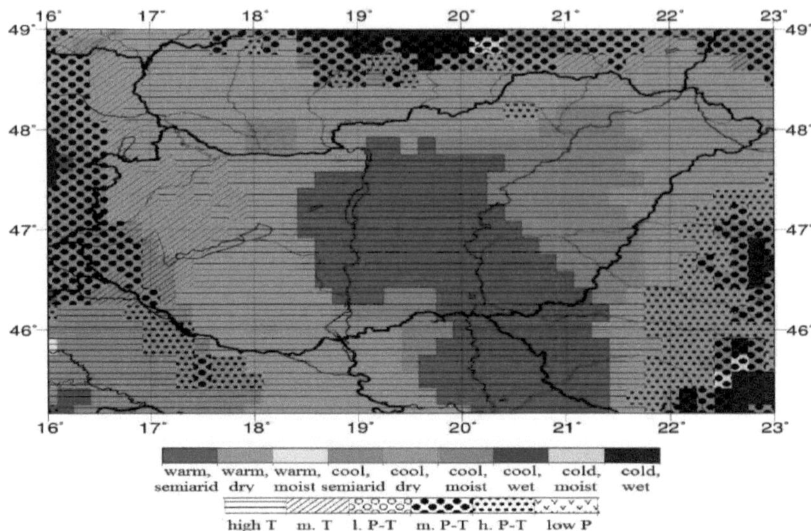

Fig. 11 O clima da Hungria no período 1901-1930 obtido usando a parametrização PETA (Antal, 1968) e o esquema original de Feddema (2005). Abreviatura: m. - médio, l. - baixo, h. - alto (fonte: criado por Nora Skarbit, modificado pelo autor)

Este é bastante heterogéneo, possuindo os tipos de clima "quente, semiárido", "quente, seco", "frio, semiárido", "frio, seco" e "frio, húmido". Curiosamente, o clima na Grande Planície Húngara é também bastante heterogéneo em termos dos tipos de clima "quente, semiárido", "frio, semiárido" e "frio, seco", com uma elevada sazonalidade de T. É também interessante que a região de Alpokalja, na Transdanúbia, seja mais húmida do que as áreas nas Montanhas do Norte da Hungria.

4.1.3 Comparação dos mapas climáticos

De acordo com os resultados apresentados em Feddema (2005)[21] , o tipo de clima "fresco, seco, com elevada sazonalidade de T" é o tipo de clima predominante na bacia da Panónia. Infelizmente, não é especificada a parte do século XX a que se refere este resultado. O tipo térmico "frio" significa que o PET se situa entre 600 e 900 mm^year-1 . Este resultado está de acordo com o resultado obtido por Choudhury (1997)[22] . Nas nossas experiências numéricas, o PET variou entre 300-600 mm^ano-1 (zonas "frias e húmidas" na região das montanhas da Transdanúbia para a parametrização PETPT, Fig. 8) e 1200-1500 mm^ano-1 (zonas "quentes e semiáridas" para a parametrização PETBC, Fig. 10). A Hungria não é um país tão grande para ter uma dispersão tão grande de PET na realidade. Por conseguinte, os resultados da simulação foram verificados comparando-os com os resultados das medições obtidas pela panela de evaporação da classe U no período de 1901-1950 (Stelczer, 2000). Os resultados de Stelczer (2000) confirmam que as variações do PET na Hungria no início do século XX se situavam entre 500 e

---

[21] Exatamente: Fig. 12 na página 464
[22] Exatamente: Fig. 13 na página 78

850 mm^ano-[1] . Tanto os resultados das medições nacionais como os resultados da simulação internacional confirmam que o PET é sobrestimado pelas parametrizações PETHS, PETBC e PETA (Acs et al., 2015). Ao mesmo tempo, o teste de sensibilidade mostra que o PET parametrizado de forma inadequada pode alterar significativamente os resultados obtidos pelo método de Feddema (2005).

4.2 Sensibilidade ao escalonamento

Como já foi referido, o PET é um fator muito importante na classificação de Feddema. Consequentemente, o seu escalonamento pode também ser determinante, especialmente em escalas mais pequenas. As experiências recolhidas neste domínio referem-se à sub-região da Europa Central, nomeadamente à Hungria e à região alpina da Áustria-Suíça. As regiões serão analisadas separadamente.

4.2.1 Planície - Hungria

Com base na análise do espetro (o número de casos distribuídos nos subintervalos) de PET, I_m e da amplitude anual de I_m, modificámos ligeiramente as categorias que determinam os tipos térmicos e de humidade e a magnitude das variações sazonais de T. Com este ajuste fino do esquema original, pretendemos aumentar a heterogeneidade do tipo de clima na Hungria[23] . As alterações relativas ao PET, I_m e à amplitude anual de I_m são apresentadas nos quadros 5, 6 e 7, respetivamente.

Tabela 5 Os tipos térmicos utilizados no esquema ajustado de Feddema para aplicações na Hungria (Acs et al., 2015) no século XX

Tipo térmico	PET anual (mm^year)$^{-1}$
Moderadamente fresco	675-750
Fixe	600-675
Frio	300-600

Tabela 6 Tipos de humidade utilizados no esquema de Feddema para aplicações na Hungria (Acs et al., 2015) no século XX

Tipo de humidade	Índice de humidade (I_m)
Húmido	0.165-0.33

---

[23] O território da Hungria tem cerca de 93000 km^2 . Consequentemente, a variabilidade do tipo de clima neste território pode existir tanto à meso-escala como à microescala. Com base em Orlanski (1975), tanto na escala meso-P (20-200 km) como na escala meso-Y (2-20 km). Uma vez que a resolução espacial dos nossos dados é de cerca de 18 km x 18 km, apenas a representação da estrutura do tipo de clima na escala meso-P pode ser melhorada.

Moderadamente húmido	0.00-0.165
Moderadamente seco	-0.165-0.00
Seco	-0.33-(-0.165)

Tabela 7 A magnitude da variabilidade sazonal de T no esquema ajustado de Feddema para aplicações na Hungria (Acs et al., 2015) no século XX

Magnitude da variabilidade sazonal de T	Gama anual de I_m
Elevado	1.00-1.40
Muito elevado	1.40-1.50
Próximo do extremo	1.50-1.60
Extremo	1.60-2.00

Note-se que os critérios para determinar qual a variável climática que possui sazonalidade (representados no Quadro 3) não são alterados. Da mesma forma, a magnitude da variabilidade sazonal de P também se mantém inalterada (representada na Tabela 4). Ou seja, estes dois critérios têm de ser aplicados como indicado nos Quadros 3 e 4.

A comparação dos mapas climáticos obtidos pelos esquemas originais e ajustados de Feddema para a Hungria no período 1901-1930 é apresentada nas Figs. 12 e 13, respetivamente. Naturalmente, em ambos os casos é utilizada a parametrização PET de Thornthwaite (1948). Em primeiro lugar, pode ver-se imediatamente que a Fig. 12 baseada na parametrização PETT de Thornthwaite e a Fig. 8 baseada na parametrização PETPT são muito semelhantes. Uma vez que a parametrização PETT é mais simples do que a parametrização PETPT, a parametrização PETT deve ser preferida. Relativamente ao nosso tema, podemos ver que as principais regiões climáticas da Hungria são reproduzidas pelo esquema original de Feddema (Fig. 12). A estrutura do clima nestas regiões é, no entanto, mal reproduzida. Isto não é verdade quando se utiliza o esquema ajustado de Feddema (Fig. 13). Isto será discutido com mais cuidado para uma sub-região na Grande Planície Húngara denotada por um retângulo branco em

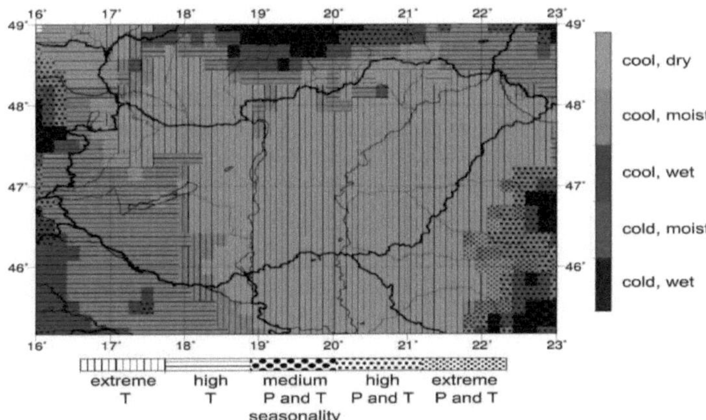

Fig. 12 O clima da Hungria no período 1901-1930 de acordo com o esquema original de Feddema (2005) (fonte: criado por Nora Skarbit)

Fig. 13. Nesta zona, o tipo de clima "fresco, húmido" com sazonalidade extrema de T é substituído por oito tipos de clima: na região das colinas de Godollo, pelos tipos de clima 1) "fresco, temperadamente seco" com sazonalidade extrema de T, 2) "fresco, temperadamente seco" com sazonalidade quase extrema de T, 3) "fresco, seco" com sazonalidade quase extrema de T; ao longo do rio Tisza, pelos tipos de clima 4) "temperadamente fresco, seco" com sazonalidade extrema de T, 5) "temperadamente fresco, seco" com sazonalidade próxima de extrema de T; na parte sudoeste da sub-região pelos tipos climáticos 6) "temperado fresco, temperadamente húmido" com sazonalidade extrema de T, 7) "temperado fresco, temperadamente húmido" com sazonalidade próxima de extrema de T e na sub-região de Hortobagy por tipo climático 8) "fresco, seco" com sazonalidade extrema de T.

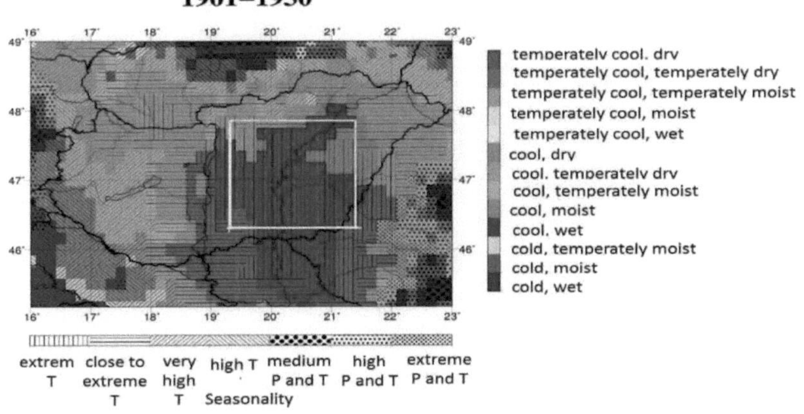

Fig. 13 O clima da Hungria no período 1901-1930 de acordo com o esquema de Feddema (2005). O retângulo branco representa uma sub-região da Grande Planície Húngara (fonte: criado por Nora Skarbit, modificado pelo autor)

Nesta especificação, duas sub-regiões, nomeadamente as regiões de Godollo Hills e Hortobagy, são algo diferentes. O tipo de vegetação nas colinas de Godollo é a estepe florestal húngara com a sua estrutura em mosaico (Molnar et al., 2012). O solo de floresta castanha é o principal tipo de solo de acordo com o sistema de classificação genética do solo. Hortobagy inclui a maior estepe contínua da Europa Central (Molnar et al., 2012), onde os solos de solonetz dos prados são típicos. Estes são caracterizados por grandes concentrações de sódio, produzindo um horizonte "A" ligeiramente salino no qual cresce a vegetação halófita. Este ambiente solo-vegetação afetado pelo sal (Toth e Rajkai, 1994) é uma caraterística específica da região. Estas diferenças ecológicas significativas são apoiadas por diferenças de tipo de humidade: o clima nas colinas de Godollo é um pouco mais húmido do que o clima em Hortobagy. Supomos que este facto pode também ser comprovado por resultados de medições locais das características de humidade. Por último, temos de salientar que o ajustamento efectuado se refere a toda a Hungria e não à sub-região considerada. Este facto pode ser claramente constatado pelo número de diferentes tipos de clima referentes a todo o país. O esquema ajustado distingue dezasseis, enquanto o esquema original apenas cinco tipos de clima. Por outro lado, a estrutura de mesoescala do clima é completamente reproduzida utilizando o esquema ajustado. Por exemplo, na direção oeste-leste na Transdanúbia, os tipos térmicos e de humidade do clima mudam de "fresco, húmido" para "fresco, temperadamente húmido", "fresco, temperadamente seco", "temperadamente fresco, temperadamente húmido" e "temperadamente fresco, seco". A magnitude da variabilidade de T também muda de "alta", passando por "muito alta", "próxima do extremo" para "extrema", movendo-se de oeste para leste. Os mesmos mapas climáticos, mas para o período 19712000, são apresentados nas Figs. 14 e 15.

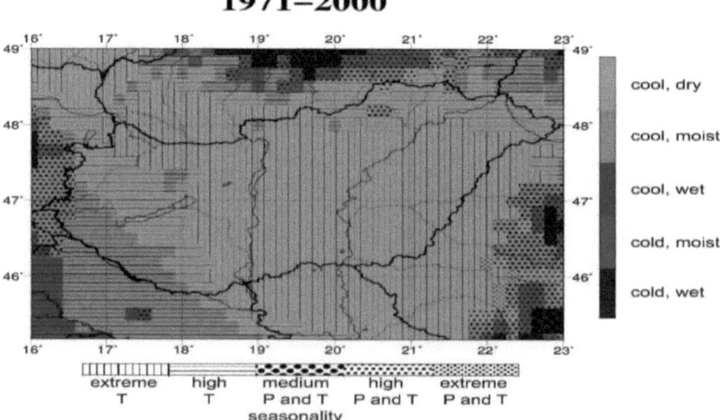

Fig. 14 O clima da Hungria no período 1971-2000 de acordo com o esquema original de Feddema (2005) (fonte: criado por Nora Skarbit)

De acordo com o esquema original, na sub-região existe apenas o tipo de clima "frio, seco" com sazonalidade extrema de T no final do século XX. De acordo com o esquema ajustado, existem praticamente dois tipos de clima: o clima "temperadamente fresco e seco" com sazonalidade extrema de T e com sazonalidade quase extrema de T. Para todo o país, a diferença na heterogeneidade do tipo de clima é óbvia. O esquema original distingue cinco, enquanto o esquema ajustado distingue catorze tipos de clima. Comparando as Figs. 12 e 14, bem como 13 e 15, podemos ter uma ideia dos processos de mudança climática. Este é apresentado com exatidão nas Figs. 16 e 17.

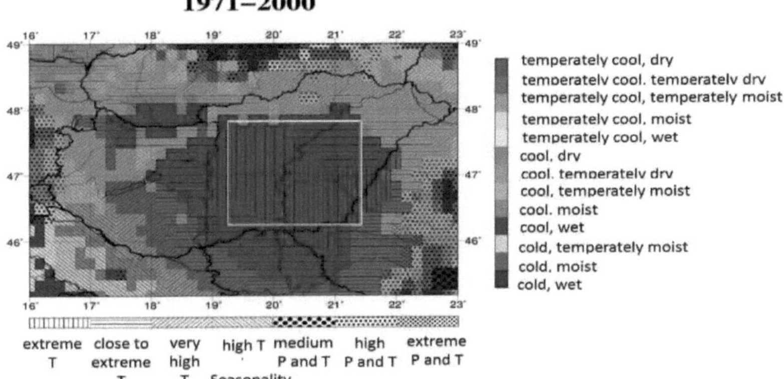

Fig. 15 O clima da Hungria no período 1971-2000 de acordo com o esquema de Feddema (2005). O retângulo branco representa a sub-região considerada (fonte: criado por Nora Skarbit, modificado pelo autor)

De acordo com o esquema original, não se registam quaisquer alterações climáticas na sub-região. Apesar disso, o esquema ajustado mostra alterações climáticas, nomeadamente aquecimento e secagem na região das Colinas de Godollo, aquecimento com diminuição da sazonalidade de T na região de

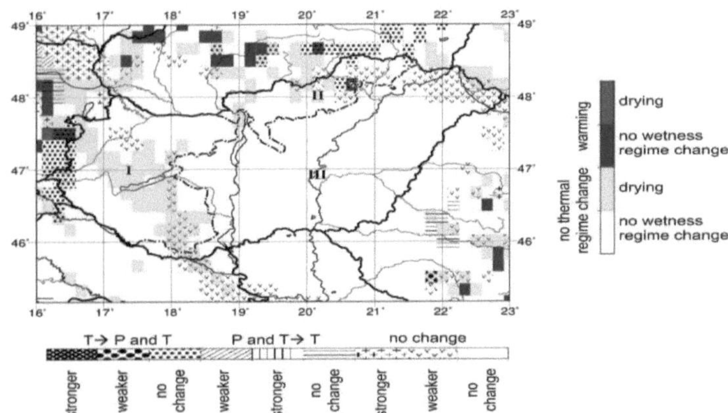

Fig. 16 Distribuição espacial dos tipos de alterações climáticas na Hungria no século XX (período entre 1901-1930 e 1971-2000) de acordo com o esquema original de

Feddema

A região de Hortobagy e a secagem nas partes sudoeste e sudeste da sub-região. No entanto, não se registam alterações climáticas na parte central da sub-região. Note-se que, de acordo com o esquema ajustado, a região de Godollo Hills não é mais húmida do que a região de Hortobagy no final do século XX. Isto é o resultado do aquecimento do clima e da secagem na região de Godollo Hills. Este processo ainda não foi confirmado por medições locais das características da humidade.

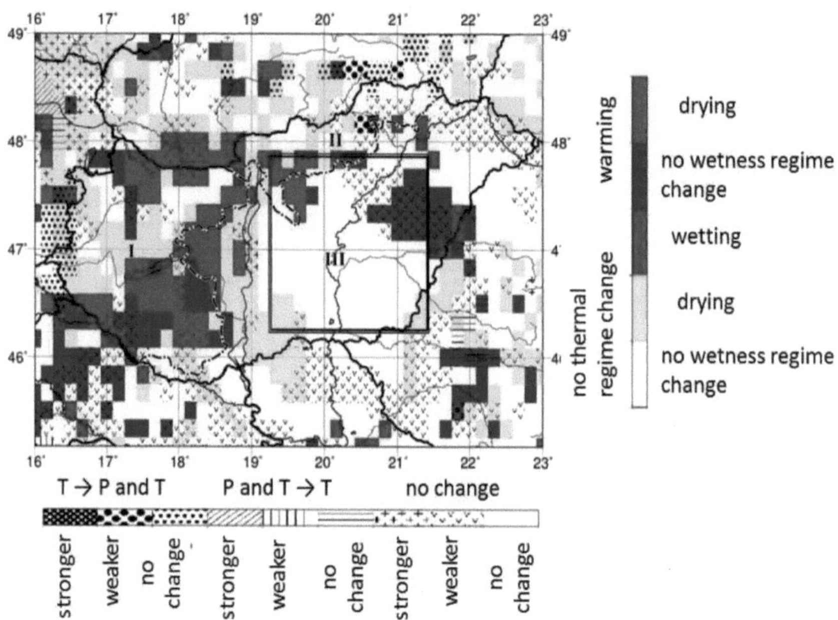

Fig. 17 A distribuição espacial dos tipos de alterações climáticas na Hungria no século XX (período entre 1901-1930 e 1971-2000) de acordo com o esquema de Feddema. O retângulo preto representa a sub-região considerada (fonte: criado por Nora Skarbit, modificado pelo autor)

4.2.2 Planalto - região austríaco-suíça dos Alpes europeus

As considerações aplicadas à Hungria são também repetidas para a região austríaco-suíça dos Alpes europeus. Os espectros de PET, Im e a gama anual de Im são analisados e ligeiramente modificados para aumentar a uniformidade das suas distribuições. As novas categorias, aperfeiçoadas, para o tipo térmico, o tipo de humidade e a magnitude da variabilidade sazonal podem ser vistas nos Quadros 8, 9 e 10, respetivamente. Tal como no caso da Hungria, o Quadro 3 do esquema original de Feddema (2005), que decide qual a variável climática que possui sazonalidade, não foi alterado.

Quadro 8 Os tipos térmicos utilizados no esquema ajustado de Feddema para aplicações na região austríaco-suíça dos Alpes europeus (Acs et al., 2017) no século XX

Tipo térmico	PET anual (mm^year)$^{-1}$
Fixe	600-800
Moderadamente frio	545-600
Frio	300-545

Quadro 9 Tipos de humidade utilizados no esquema ajustado de Feddema para aplicações na região austríaco-suíça dos Alpes europeus (Acs et al., 2017) no século XX

Tipo de humidade	Índice de humidade (I_m)
Saturado	0.66-1.00
Húmido	0.47-0.66
Moderadamente húmido	0.33 - 0.47
Húmido	0.00-0.33
Seco	-0.33-0.00

Quadro 10 A magnitude da variabilidade sazonal no esquema ajustado de Feddema para aplicações na região austríaco-suíça dos Alpes europeus (Acs et al., 2017) no século XX

Magnitude da variabilidade sazonal	Gama anual de I_m
Baixa	0.00-0.50
Médio	0.50-1.00
Elevado	1.00-1.25
Muito elevado	1.25-1.50
Extremo	1.50-2.00

A região considerada (5,83°-17,33°/45,67°-49,17° linhas de longitude/latitude,
1536 pixéis no total) com as suas principais designações geográficas é apresentada na
Fig. 18. Os mapas climáticos obtidos pelos esquemas originais e ajustados de Feddema
para a região de
A região alpina da Áustria-Suíça no período 1901-1930 é apresentada nas Figs. 19 e
20, respetivamente.

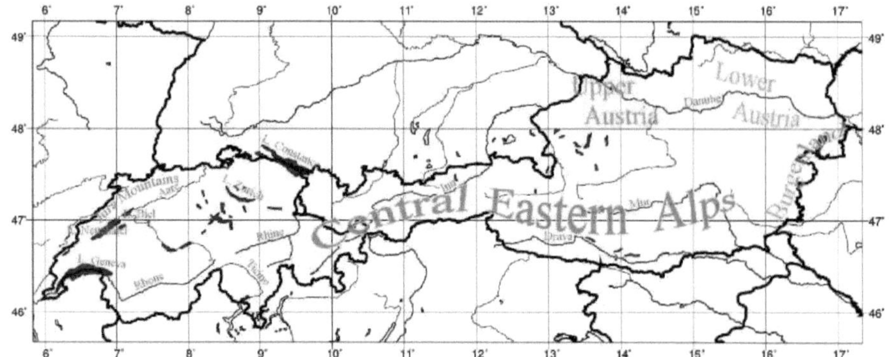

Fig. 18 Áustria e Suíça na região estudada, juntamente com as principais designações
geográficas utilizadas no estudo (fonte: criado por Dominika Takacs)

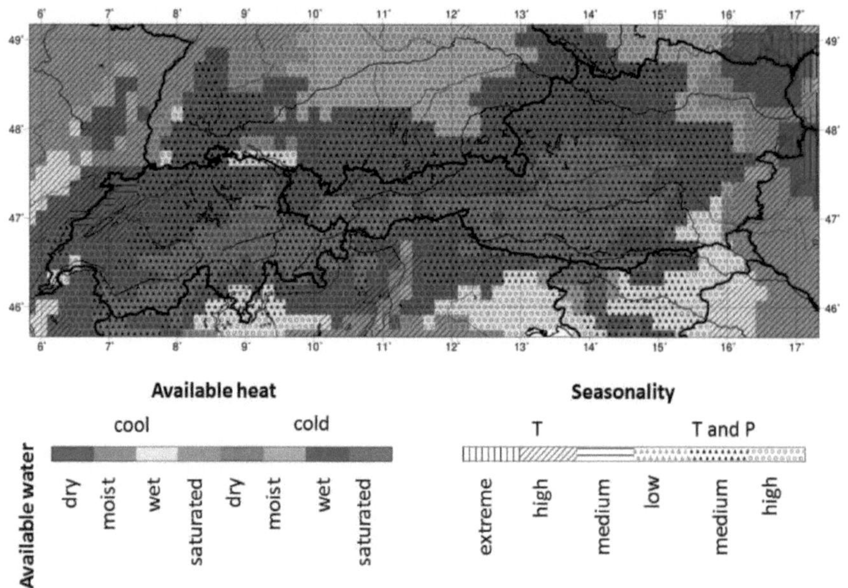

Fig. 19 O clima da região alpina austríaco-suíça no período de 1901-1930 de acordo
com o esquema original de Feddema (fonte: criado por Dominika Takacs)

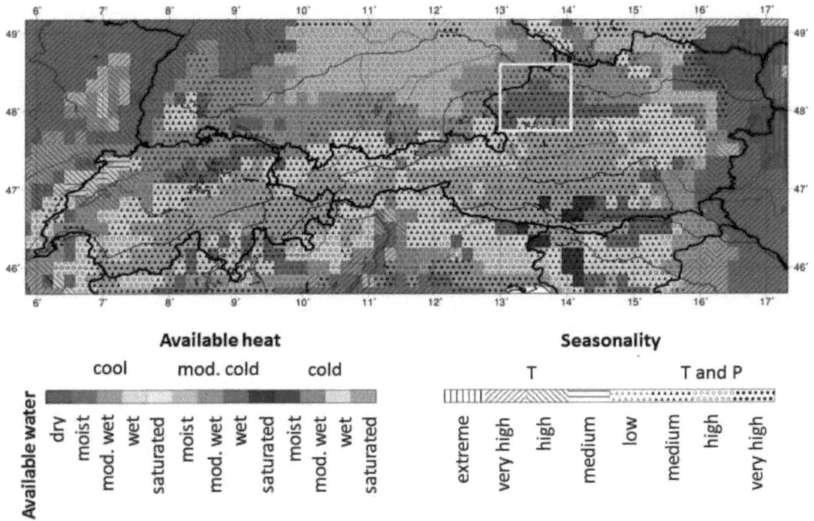

Fig. 20 O clima da região alpina austríaco-suíça no período 1901-1930 de acordo com o esquema de Feddema. O retângulo branco representa uma sub-região da Alta Áustria e da Baviera situada na fronteira germano-austríaca. Abreviatura: mod. - moderadamente (fonte: criado por Dominika Takacs, modificado pelo autor)

Em ambas as representações são imediatamente visíveis diferenças climáticas marcantes entre as zonas de planície e de montanha. Em ambos os casos, os tipos de clima mudam mais intensamente ao longo da linha que liga a Baixa Áustria e os Alpes Centro-Este. Esta distribuição está de acordo com os resultados obtidos por Auer et al. (2000). A Suíça não tem uma linha de gradiente climático tão forte, por exemplo entre o Lago Constança e as regiões de montanha. Na Suíça, a maior heterogeneidade de tipos de clima pode ser encontrada no Cantão de Ticino, que está localizado na parte mais a sul da Suíça. Implicitamente, a heterogeneidade do tipo de clima é maior para o esquema ajustado do que para o esquema original. O esquema original apresenta catorze tipos de clima diferentes, enquanto o esquema ajustado apresenta vinte e quatro. O esquema ajustado pode ser utilizado de forma equívoca para efeitos de análises climáticas nas sub-regiões. Isto pode ser facilmente observado na sub-região indicada pelo retângulo branco na Fig. 20. De acordo com o esquema original, existem apenas dois tipos de clima, nomeadamente os tipos de clima "frio, húmido" e "frio, saturado" com variabilidade média de T e P. De acordo com o esquema ajustado, a heterogeneidade do tipo de clima da sub-região é duas vezes maior. Os tipos de clima produzidos pelo esquema são os climas "moderadamente frio, moderadamente húmido" e "moderadamente frio, húmido" com variabilidade média de T e P. Como se pode ver, as características sazonais permaneceram inalteradas. É de salientar que a sub-região escolhida não é grande, a sua área é de cerca de 100 km x 100 km. Os mesmos mapas climáticos, mas referentes ao período 1971-2000, são apresentados nas Figs. 21 e 22.

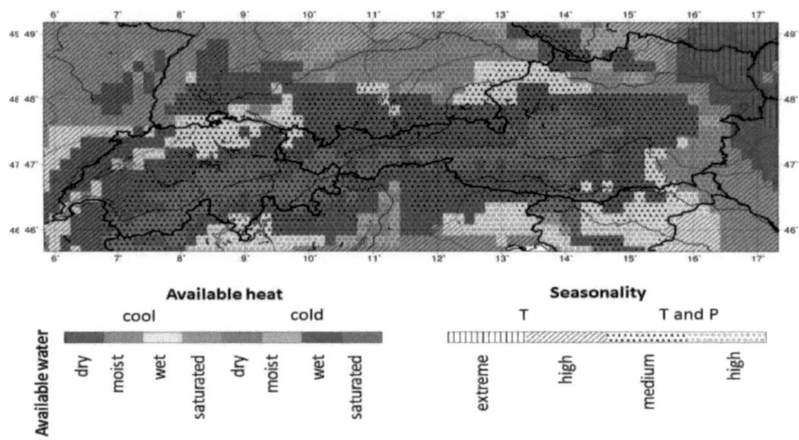

Fig. 21 O clima da região alpina austríaco-suíça no período 1971-2000 de acordo com o esquema original de Feddema (fonte: criado por Dominika Takacs)

Ambas as representações mostram o aquecimento e a secagem do clima em relação ao período de 1901-1930. Este facto pode ser claramente observado, por exemplo, ao longo do vale do Danúbio, incluindo a Alta Áustria ou em torno do Lago Constança. Naturalmente, a heterogeneidade dos tipos de clima é menor no esquema original do que no esquema ajustado. O esquema original distingue treze tipos climáticos, enquanto o esquema aperfeiçoado distingue vinte e três. Na sub-região, o número de tipos climáticos aumentou para ambas as representações em relação a

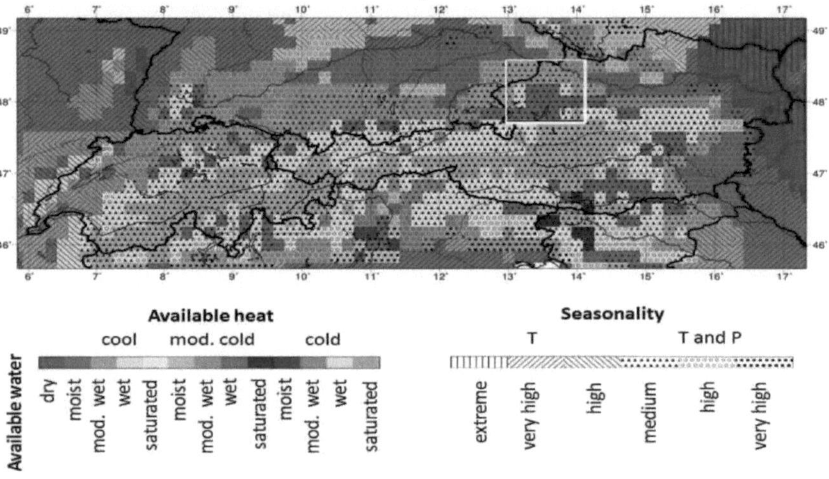

Fig. 22 O clima da região alpina austríaco-suíça no período 1971-2000 de acordo com o esquema de Feddema. O retângulo branco representa uma sub-região da Alta Áustria e da Baviera localizada na fronteira germano-austríaca (fonte: criado por Dominika Takacs, modificado pelo autor)

para o período 1901-1930. Os tipos de clima distinguidos pelo esquema original são os seguintes: climas "frios, saturados", "frios, húmidos" e "frios, húmidos" com variabilidade média de T e P. O tipo sazonal "variabilidade de T e P de grande magnitude" também pode ser encontrado aqui e ali. Naturalmente, a heterogeneidade do tipo de clima é maior para o esquema afinado do que para o esquema original. A transformação do tipo de clima pode ser observada da parte sul para a parte norte da sub-região, ou seja, das zonas montanhosas para o vale do Danúbio. Os tipos climáticos "frio, saturado" ou "frio, húmido" transformam-se no tipo climático "moderadamente frio, húmido" (brevemente "frio, saturado" ou "frio, húmido" → "moderadamente frio, húmido"). Em direção ao vale do Danúbio, ocorre a transformação do tipo de clima "moderadamente frio, húmido" ∧ "frio, húmido" ou "frio, moderadamente húmido". Por último, observa-se a transformação climática "frio, moderadamente húmido" ∧ "moderadamente frio, moderadamente húmido". Note-se que o esquema original mostra transformações climáticas semelhantes, mas diferenciando apenas três tipos de clima. É de salientar que, nas transformações climáticas, tanto o regime térmico como o regime de humidade estão a mudar. De acordo com a classificação climática de Koppen-Geiger (Koppen, 1936), apenas as alterações do tipo térmico são registadas na sub-região sob investigação no final do século XX (Rubel et al., 2016)[24] . Estas transformações de tipo climático são equivocadamente causadas por efeitos do terreno, principalmente por diferenças de altitude. O autor considera que esta diferenciação de tipos climáticos pode ser validada com base em medições meteorológicas locais dos regimes térmicos e de humidade. Relativamente à sazonalidade, a situação é simples. Tal como no caso do esquema original, prevalece o tipo sazonal "variabilidade de T e P de magnitude média".

Os processos de mudança climática não podem ser analisados do ponto de vista da escala, uma vez que não existe um mapa de mudança climática obtido pelo esquema ajustado de Feddema. Este não foi construído porque os mapas climáticos obtidos pelo esquema ajustado de Feddema (Figs. 20 e 22) são demasiado variados, o que aumentaria enormemente a complexidade da análise, reduzindo assim a fiabilidade dos resultados. Apesar desta falha, o processo de mudança climática obtido usando o esquema original de Feddema será brevemente discutido por interesse devido à atualidade do assunto. Comparando as Figs. 19 e 21, podemos ter uma ideia dos processos de mudança climática com base no esquema original de Feddema. Este é apresentado com exatidão na Fig. 23. Na Suíça, o aquecimento é o processo de alteração climática dominante. Na Áustria, a secura é o processo dominante. Ao mesmo tempo, há zonas, por exemplo no vale do Danúbio, onde se registou uma alteração "dupla" de aquecimento e secagem.

---

[24] Isso pode ser visto no trabalho de Rubel et al. (2016), na Fig. 1, período 1976-2000. Na sub-região, prevalece o clima Cfb (clima temperado quente sem estação seca e com verão quente). Na parte sul da sub-região, existem pequenas áreas que possuem o clima Dfb (clima boreal sem estação seca com verão quente) ou o clima Dfc (clima boreal sem estação seca com verão fresco). Estes são registados apenas porque a resolução espacial utilizada é muito elevada: a área da grelha é de 0,6 km^2 .

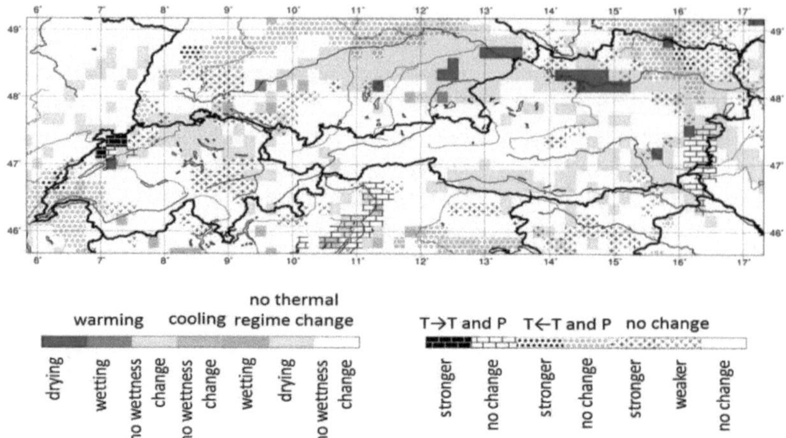

Fig. 23 Os tipos de alterações climáticas na região alpina austríaco-suíça durante o século XX, de acordo com o esquema original de Feddema (fonte: criado por Dominika Takacs)

Note-se que a humidade também foi registada, mas apenas numa área da grelha no vale do Ródano. Os processos de alterações climáticas ocorreram apenas nas regiões de planície dos vales dos rios (Danúbio, Drava, Mur, Aare) e em redor de grandes lagos (Lagos Constança, Biel, Genebra). Na sub-região da Alta Áustria, podem ser observados processos de aquecimento e de secagem: aquecimento ao longo do vale do Danúbio e secagem em redor dos lagos Attersee e Trauensee.

4.3 Importância da franquia

O clima da bacia da Panónia pode ser considerado um "clima continental de planície"[25] . O clima da região austríaco-suíça dos Alpes europeus é um clima alpino ou de montanha. As expressões utilizadas, nomeadamente clima de planície e clima de montanha, remetem para o papel crucial do relevo. É claro que não se deve afirmar que alguns outros factores que regem o clima são os mesmos para as duas regiões seleccionadas. Por exemplo, a continentalidade[26] é um fator climático determinante, que é diferente para a bacia da Panónia e para a região austríaco-suíça dos Alpes europeus. É óbvio que a continentalidade da região alpina é menor do que a da bacia panónica (por exemplo, Rivas-Martinez et al., 2004; Metzger et al., 2005). Ao mesmo tempo, as duas regiões encontram-se na mesma zona latitudinal (ver Fig. 5 e a sub-região da Europa Central assinalada por um retângulo vermelho). Assim, nesta região, a importância do relevo, que provoca diferenças altitudinais e topográficas, é inequívoca.

---

[25] Koppen chamou ao clima da bacia da Panónia um "clima de milho" (Justyak, 1995). Ele interpretou o "clima do milho" como um clima Cfa (clima temperado quente sem estação seca com verão quente). Note-se que o clima Cfb (clima temperado quente sem estação seca com verão quente) é o clima predominante na bacia da Panónia durante o século XX (Acs e Breuer, 2013).

[26] A continentalidade refere-se à proximidade da região a um oceano ou a extensas massas de água sem litoral. A oceanicidade também pode ser utilizada como uma expressão. Isto é feito, por exemplo, no trabalho de Metzger et al. (2005).

Com base no que foi mencionado acima, os mapas de clima e de mudança climática referentes à Hungria e à região austríaco-suíça dos Alpes europeus obtidos pelo esquema original de Feddema serão comparados e analisados do ponto de vista do impacto do relevo. Analisando as Figs. 12 e 19, bem como as Figs. 14 e 21 em conjunto, podemos ver o impacto do relevo através da altitude e da topografia na mudança do tipo de clima no início (1901-1930) e no fim (1971-2000) do século XX. Na sub-região centro-europeia escolhida, as zonas mais baixas situam-se na Grande Planície Húngara (ver Figs. 5 e 7). Aqui, o clima é "fresco, seco" com extrema sazonalidade de T. Em direção à Transdanúbia, o clima "fresco, seco, extrema variabilidade de T" ^ "fresco, húmido, alta variabilidade de T" está a ocorrer a transformação do tipo de clima. Note-se que tanto as características anuais como as sazonais mudaram. Esta mudança é induzida por muitos factores, por exemplo, pela mudança de continentalidade, mas também pela mudança de relevo, uma vez que a presença das montanhas e colinas da Transdanúbia não pode certamente ser negligenciada. Avançando em direção aos Alpes Centro-Orientais, na Áustria, podemos observar uma rápida transformação climática em termos de características anuais, de "frio, húmido" para "frio, húmido" ou "frio, húmido" para "frio, húmido" e, por último, para "frio, saturado" e em termos de características sazonais, de "alta variabilidade de T" para "média ou alta variabilidade de T e P". Na região central dos Alpes Centro-Orientais, na zona de altitude superior a cerca de 1800-2000 m, o clima é "frio, saturado com variabilidade média de T e P"[27] . Podemos observar que a magnitude da variação sazonal é tanto menor quanto maior for a altitude. Este resultado está de acordo com a análise apresentada no trabalho de Beniston (2005). É óbvio que as mudanças de tipo de clima ilustradas são causadas principalmente[28] pelas diferenças de altitude[29] . Este efeito altitudinal é também demonstrado por Rubel et al. (2016) utilizando o sistema de classificação climática de Koppen-Geiger. Deve sublinhar-se que o sistema de Koppen (1936) caracteriza estas mudanças de tipo de clima apenas do ponto de vista do regime térmico. Os efeitos das diferenças topográficas também podem ser observados em alguns casos. Por exemplo, nota-se uma diferença de tipo sazonal entre um local a sul e um local a norte das montanhas Borzsony na Hungria. A variabilidade de T é maior no sítio do sul (extrema variabilidade) do que no sítio do norte (alta variabilidade). Este efeito dificilmente pode ser observado no nosso caso, uma vez que a resolução espacial é demasiado pequena para registar este efeito.

Relativamente à relação entre o relevo e as alterações climáticas (ver Figs. 5, 16 e 23) na sub-região da Europa Central durante o século XX, podemos ver que não houve alterações climáticas nas regiões demasiado baixas e demasiado altas. Assim, o clima "fresco e seco" com extrema variabilidade de T na região central da Grande Planície Húngara (ver Figs. 16 e 17) manteve-se inalterado no século XX.

---

[27] Nestas zonas altas, o tipo sazonal "baixa variabilidade de T e P" também pode ser encontrado. Este tipo de sazonalidade é mais típico da Suíça.

[28] A continentalidade, enquanto fator determinante do clima, também está a mudar nesta região. A sua força diminui obviamente (Rivas-Martínez et al., 2004) desde a Grande Planície Húngara, passando pela Transdanúbia e pelos Alpes Orientais, até aos Alpes Ocidentais.

[29] A importância das diferenças altitudinais é também demonstrada na sub-região da Alta Áustria em direção ao norte, desde as montanhas até ao vale do Danúbio.

O mesmo é válido para o clima "frio e saturado" com variabilidade média de T e P (ver Fig. 21) na região central dos Alpes Centro-Orientais. Na zona de altitude média, aproximadamente entre 200 e 1000 m, o efeito pronunciado de extensas massas de água (lagos e rios) nas alterações climáticas pode ser inequivocamente observado.

4.4 Análises das regiões europeias

Em primeiro lugar, tentarei justificar a razão pela qual a região europeia foi escolhida para a análise climática utilizando o método de Feddema (2005). O clima e os processos de mudança climática serão considerados separadamente para cada um dos séculos XX e XXI. Para o século XX, serão abordados dois temas adicionais: 1) os resultados PET obtidos serão brevemente comparados com os resultados PET de Choudhury (1997) e 2) o método de Feddema (2005) será também comparado com uma série de outros métodos de classificação bioclimática[30] . Nas análises, a região europeia será arbitrariamente dividida em três zonas: a zona norte (72°N-55°N), a zona média (55°N-42°N) e a zona sul (42°N-35°N).

4.4.1 Porquê a região europeia?

Existem várias razões pelas quais a região europeia foi escolhida para efeitos de análise climática. Em primeiro lugar, entre os métodos genéricos, tanto quanto sei, é sobretudo o método de Koppen que é aplicado (p. ex., Kottek et al., 2006; Brugger e Rubel, 2013), sendo os outros métodos tratados com parcimónia ou mesmo sem qualquer tratamento. Esta lacuna metodológica pode ser parcialmente colmatada pela aplicação do método de Feddema (2005). É de referir que Feddema aplicou o seu método à escala global, envolvendo portanto também a Europa, mas não se centrou numa análise do clima europeu. Para além das diferenças conceptuais, há também diferenças importantes no conjunto de dados: os dados utilizados aqui e no estudo de Feddema (2005) têm fontes e resoluções espaciais diferentes. Em segundo lugar, surgiram recentemente novos sistemas de classificação bioclimática para aplicações ecológicas, incluindo tanto métodos extremamente simples como muito complexos. O método de Rivas-Martinez et al. (2004) é muito semelhante ao método de Koppen, no sentido em que é um sistema hierárquico estritamente baseado em regras, em que apenas são necessários elementos climáticos simples e índices bioclimáticos como entradas. O método de Metzger et al. (2005) pretende ser o mais objetivo possível, pelo que se baseia na aplicação da análise de componentes principais (ACP), pelo que, neste sentido, é um método complexo, de base estatística. É de salientar que o método não se limita a classificar o clima, mas também procura "produzir uma estratificação estatística do ambiente europeu adequada para a amostragem aleatória estratificada de recursos ecológicos, a seleção de locais para estudos representativos em todo o continente e para fornecer estratos para exercícios de modelação e relatórios". Como vemos, o método serve para aplicações ecológicas, ao mesmo tempo, no entanto, o clima é a componente mais importante na formação de um ecossistema (Figura 2 em Metzger et al. (2005)). Em terceiro lugar, independentemente do que foi mencionado acima, pretendo dar a conhecer os fenómenos climáticos e os processos de alterações climáticas na Europa.

---

[30] Serão abordados três métodos: O método de Koppen (1936), historicamente o primeiro e o mais antigo método de classificação bioclimática, e dois métodos posteriores, nomeadamente os de Rivas-Martinez (Rivas-Martinez et al., 2004) e Metzger (Metzger et al., 2005).

Espero que esta sensibilização para o clima europeu aumente também a sensibilização para o clima a nível mundial. Isto é importante, uma vez que os processos ambientais relacionados com o clima actuam como a base das nossas sociedades, independentemente do nível organizacional.

4.4.2 Século XX

4.4.2.1 Verificação do PET

Não existem métodos exactos para verificar os valores médios de PET por área, e há uma série de limitações teóricas e práticas. Lhomme (1997) discutiu extensivamente o processo e as limitações conexas de um ponto de vista teórico, ao mesmo tempo que um tratamento exato requer uma grande quantidade de dados não só atmosféricos mas também de superfície, cuja recolha cuidadosa é uma tarefa difícil (por exemplo, Choudhury, 1997). No que respeita aos dados de superfície, os dados relativos ao tipo de vegetação e ao índice de área foliar revestem-se de especial importância, uma vez que os valores de PET provenientes de lagos, florestas, estepes ou zonas cultivadas podem ser visivelmente diferentes. Estas diferenças são tidas em conta através da estimativa dos chamados coeficientes de cultura (K_c) (Shuttleworth, 1991). Apesar destas dificuldades, apresentaremos e discutiremos brevemente uma comparação PET baseada nas equações de Thornthwaite [equações (1) - (4)] e de Penman-Monteith (Monteith, 1965) para mostrar que a classificação climática de Feddema (2005) baseada na fórmula de Thornthwaite é capaz de reproduzir com fiabilidade a estrutura climática da região europeia na escala meso-0 (20 - 200 km). A comparação é apresentada na Fig. 24. Os valores de PETPM são retirados do estudo de Choudhury (1997, Fig. 13) e referem-se à zona de latitude[31] 35°N-70°N da Terra no período 1987-1988. A necessidade de dados da equação de Penman-Monteith é grande, pelo que Choudhury (1997) utilizou dados de satélite e dados assimilados. Choudhury partiu do princípio de uma superfície terrestre coberta de relva bem irrigada, com um albedo e uma resistência superficial de 0,23 e 70 sm^{-1}, respetivamente. Uma vez que investigou o padrão global do PET, estão representados todos os tipos de clima. Os valores PET referem-se a células de grelha de 2,5° x 2,5°, e estes valores calculados são também comparados com medições de lisímetros in situ para a evaporação de superfícies de relva bem regadas (Choudhury, 1997; Quadro 1) para diferentes tipos de clima em trinta e cinco locais no total. De acordo com Choudhury (1997), "estas comparações sugerem que o erro nos valores calculados de PET não pode ser excedido, em média, 20% para qualquer mês ou local, mas é mais provável que seja de cerca de 15%". Deve ser mencionado que os dados utilizados neste livro se referem apenas à região europeia e possuem uma resolução de 10'x10' (~18 km x 18 km). Apesar das enormes diferenças na metodologia e nos dados, a Fig. 24 sugere uma concordância razoavelmente boa (o coeficiente de determinação $R^2 = 0,87$) entre o PETPM e o PETT. As maiores diferenças são obtidas para as latitudes mais elevadas e, nesses casos (dois pontos), a PETT sobrestima a PETPM. É difícil explicar a verdadeira causa desta situação; talvez haja uma incoerência entre os dados relativos à radiação e à temperatura, e o facto de as florestas boreais serem o principal tipo de vegetação nas altas latitudes pode também contribuir para esta incoerência.

---

[31] A investigação é efectuada à escala global sobre as superfícies terrestres.

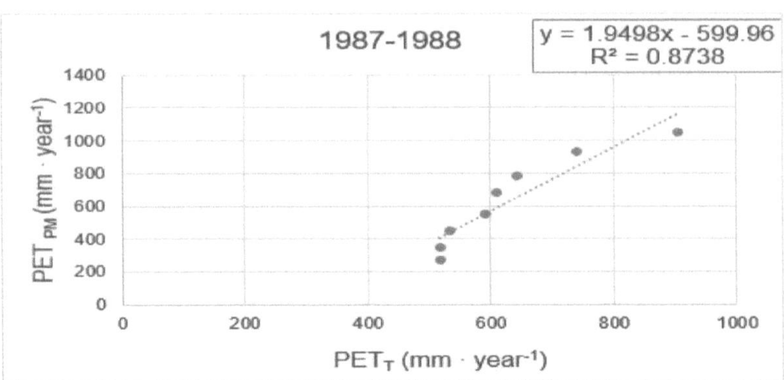

Fig. 24 Gráfico de dispersão da média zonal (bandas de 5° de latitude) dos valores anuais de PETPM e PETT. Os valores PETPM referem-se à Terra como um todo, enquanto os valores PETT se referem à região europeia, para o período 1987-1988. O PETPM é calculado para uma superfície coberta de relva, assumindo um albedo e uma resistência da superfície de 0,23 e 70 sm⁻¹ , respetivamente (fonte: criado por Nora Skarbit)

É de referir que a evapotranspiração, e portanto também a PET, é um processo mais limitado pela temperatura do que pela radiação em latitudes elevadas (por exemplo, Wang e Dickinson, 2012).

4.4.2.2 Clima

Os mapas climáticos da região europeia no início e no fim do século XX, de acordo com o esquema original de Feddema, são apresentados nas Figs. 25 e 26.

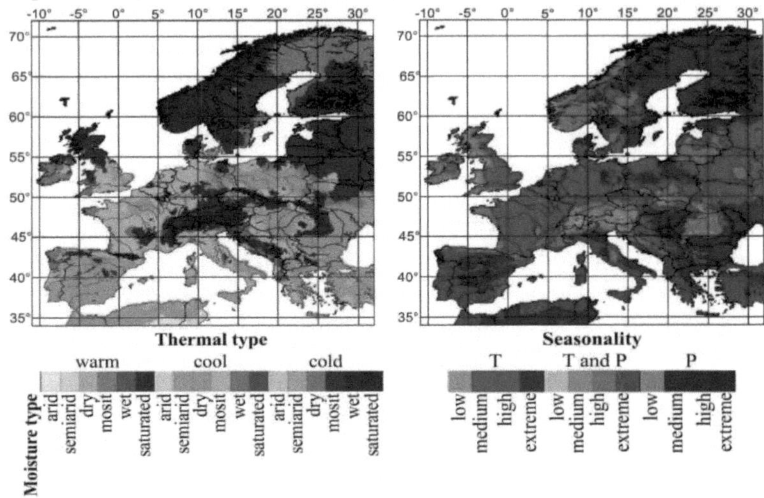

Fig. 25 O clima da região europeia durante 1901-1930 de acordo com o esquema de Feddema (2005) (fonte: criado por Nora Skarbit)

Zona Norte

Grandes áreas (Península Escandinava, Escócia, Estados Bálticos) são cobertas por um clima "frio, húmido ou molhado", com uma variabilidade elevada ou extrema de T. Na região da Lapónia, o clima é "frio, seco", ou seja, um pouco mais seco. As zonas com um clima "frio e seco" (a ilha da Zelândia, no decurso do século) ou "frio e húmido" (a península da Jutlândia, no final do século) encontram-se apenas na Dinamarca. Relativamente às estações do ano

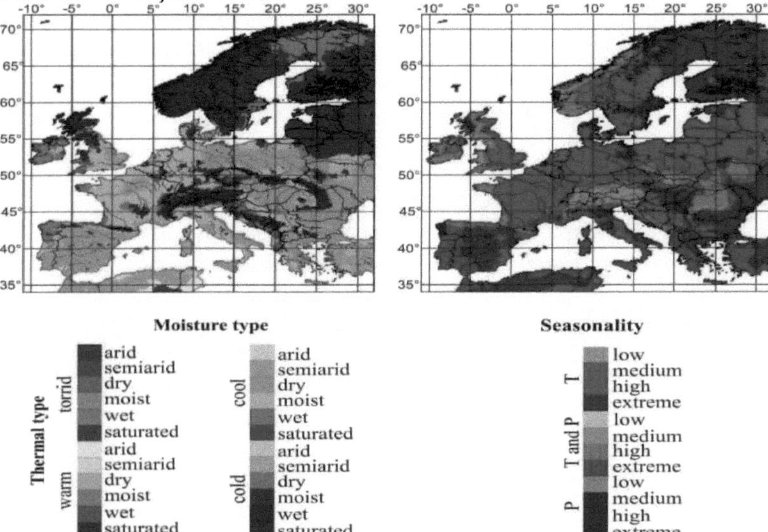

Fig. 26 O clima da região europeia durante 1971-2000 de acordo com o esquema de Feddema (2005) (fonte: criado por Nora Skarbit)

Em relação às características de P, existe uma grande heterogeneidade em duas regiões. Nas Terras Altas da Escócia e na costa norueguesa em torno de 61°N, indo de oeste para leste, observa-se a transformação do tipo sazonal "variabilidade alta ou média de P" ^ "média ou alta variabilidade de P e T" ^ "alta ou extrema variabilidade de T" pode ser observada a transformação do tipo sazonal. No trabalho de Feddema (2005), os pormenores sub-regionais dificilmente podem ser vistos. Na Península Escandinava, é visível uma transformação do tipo climático "frio, saturado" ^ "frio, húmido" ^ "frio, húmido", onde o tipo sazonal "alta variabilidade de T" é dominante. Relativamente às características sazonais, observa-se uma transformação do tipo sazonal "variabilidade de P e T" → "variabilidade de T" na Escócia e nas regiões do sudoeste da Península Escandinava (Figura 11 em Feddema (2005)). Note-se que não existe informação no trabalho de Feddema (2005) relativamente a este período. Como se vê, os resultados aqui apresentados contêm muito mais pormenores do que os resultados apresentados no mapa-mundo de Feddema (2005).

Zona intermédia

Nas regiões de planície (Inglaterra, planície do Norte da Europa, França, excluindo as regiões montanhosas), com exceção das partes setentrionais da Bielorrússia e da Baviera, predominam os climas "frescos e húmidos", "frescos e húmidos" e "frescos e secos", com uma variabilidade elevada ou extrema de T. Nas regiões de montanha (Montanhas Cantábricas, Pirinéus, Maciço Central, Alpes Europeus, Alpes Dináricos, Cárpatos, Harz, Montanha Câmbrica), predominam os climas "frio, húmido", "frio, húmido" e "frio, seco", com uma variabilidade média ou elevada de T e P. Os maiores gradientes climáticos encontram-se no norte da Península Ibérica. A leste da Cordilheira da Galiza, o clima muda rapidamente em termos de características anuais e sazonais, sendo as características anuais de "frio, saturado ou húmido", "frio, húmido", passando por "frio, seco" e "frio, semiárido", e as características sazonais de "alta variabilidade de P", passando por "extrema ou alta variabilidade de P e T" e "extrema ou alta variabilidade de T". As zonas climáticas mais húmidas situam-se na costa atlântica. O clima torna-se gradualmente mais seco nas regiões de planície, deslocando-se para leste. Note-se que existem zonas de clima "semiárido" ao longo das regiões costeiras do Mar Negro. De acordo com a classificação de Feddema, podemos observar uma transformação "saturado ou húmido"→ "húmido"→ "seco" → "semiárido". Tal como no primeiro caso, o pormenor sub-regional no trabalho de Feddema (2005) é pouco visível, mas as características principais são reproduzidas. Nas regiões de planície, os principais tipos de clima são "fresco, húmido" e "fresco, seco", com elevada sazonalidade de T. Nas regiões de montanha, o clima predominante é o "frio, húmido ou molhado", com variações sazonais de P e T. Note-se que também se registam gradientes climáticos entre o País de Gales e a Inglaterra, bem como na Península Ibérica.

Zona Sul

O tipo térmico predominante é o "frio". Entre os tipos de humidade, existem os tipos "húmido", "seco" e "semiárido". O clima é mais variado na Península Ibérica: incluindo climas "frescos, húmidos", "frescos, secos", "frescos, semiáridos", "quentes, secos" e "frios, saturados", ou "frios, húmidos ou molhados", com variabilidade elevada ou extrema de P e T (verde) ou apenas de T (vermelho). O maior gradiente climático da Europa pode ser encontrado em redor da cordilheira da Serra Nevada, na Andaluzia. Aqui, existem áreas com clima "frio e húmido" e "frio e semiárido" que são quase diretamente vizinhas. O impacto do relevo em termos de tipo de clima é claramente visível. As zonas com um clima "quente e seco" são raras e pequenas. O clima da Grécia é também bastante heterogéneo, com climas "frio, húmido ou molhado", "fresco, húmido", "fresco, seco", "fresco, semiárido" e "quente, seco", com variações extremas de P e T ou apenas de T. Feddema (2005) reproduziu a forte natureza semiárida do clima da Península Ibérica. Como já foi referido, os pormenores sub-regionais dificilmente podem ser vistos, como, por exemplo, no clima da Grécia.

4.4.2.3 Comparação dos métodos

Os resultados obtidos pelo método de Feddema (2005) serão brevemente comparados com os resultados obtidos por alguns outros esquemas de classificação bioclimática seleccionados. Estes são os seguintes: 1) O método de Koppen (1936), como o mais simples e o mais antigo método de classificação bioclimática, que é atualmente o método de classificação climática mais popular. 2) O método de Rivas-Martinez et al. (2004), que, tal como o método de Koppen, é extremamente simples[32] , mas serve

---

[32]Tal como no método de Koppen (1936), é aplicado um sistema de regras hierárquicas para o índice ombrotérmico anual (I_o), o índice de continentalidade (I_c) e a temperatura positiva anual (T_p). Os pormenores relativos às definições e à aplicação podem ser encontrados, por exemplo, em Canu et al. (2015) ou em Pesaresi et al. (2014).

objectivos ecológicos[33] para aplicações à escala global e o método de Metzger et al. (2005), que é um método extremamente complexo em relação ao primeiro, mas que deve ser tratado como o mais objetivo. Serve também para fins de classificação ecológica e mesmo ambiental. Ao comparar os resultados dos métodos, o objetivo é aumentar a fiabilidade da análise e não determinar a sua qualidade.

Zona Norte

O clima "frio, húmido ou molhado" ou "frio e seco" corresponde principalmente ao clima Df (clima boreal sem estação seca) de Koppen (1936) (ver Fig. 4[34]), aos diferentes tipos de clima boreal (Boc= Boreal oceânico, Bsc= Boreal subcontinental, Bco= Boreal continental) de acordo com a classificação de Rivas-Martinez et al. (2004) e aos climas ALN (Alpine North) e BOR (Boreal) de acordo com a abordagem de Metzger et al. (2005). O efeito da nortada reflecte-se, por exemplo, no trabalho de Rivas-Martinez et al. (2004) pela presença dos bioclimas Pho (Polar hyperoceanic), Poc (Polar oceanic) e Pco (Polar continental). Do mesmo modo, os efeitos da continentalidade e do relevo reflectem-se no método de Koppen pela presença dos climas Cf (temperado quente sem estação seca) e ET (clima de tundra), e no método de Rivas-Martinez et al. (2004) pela presença dos climas Toc (temperado oceânico) e Tco (temperado continental). A principal diferença entre estes métodos de classificação bioclimática e o método de Feddema (2005) reside na identificação do clima na região do Sul da Suécia e da Dinamarca. Por exemplo, a fronteira C/D, ou seja, a fronteira entre o clima temperado quente e o clima boreal, de acordo com os esquemas de classificação bioclimática, encontra-se algures na região do sul da Suécia, ao passo que no método de Feddema (2005) esta fronteira não pode ser diretamente observada. Existem alguns sinais de uma possível transição, uma vez que o clima na ilha da Zelândia é "fresco e seco" e o clima nas zonas costeiras do Sul da Suécia é "frio e seco". Mas estas áreas ou são demasiado pequenas (Zelândia) ou a diferença não é tão inequívoca (zonas costeiras orientais do sul da Suécia) como o clima Tco (temperado continental) ou Toc (temperado oceânico) em relação ao clima Bsc (boreal subcontinental) (Rivas-Martinez et al., 2004) ou o bioma NEM (Nemoral[35] biome type) para o bioma BOR (Boreal biome type) (Metzger et al., 2005). Existem também algumas diferenças na identificação do clima da Escócia. De acordo com o método de Rivas-Martinez et al. (2004), o bioclima Tho (Temperate hyperoceanic) prevalece tanto na zona costeira ocidental como na oriental. De acordo com a classificação de Metzger et al. (2005), o ambiente da Escócia é basicamente um ambiente ATN (Atlântico Norte) organizado em diferentes estratos. Apesar disso, de acordo com as características sazonais de Feddema (2005), a zona costeira ocidental é mais oceânica do que a zona oriental. Para além disso, existe claramente uma transformação de tipo sazonal visível entre os tipos sazonais "alta variabilidade de P" e "alta variabilidade de P e T", bem como entre os tipos sazonais "alta variabilidade de P e T" e "alta variabilidade de T".

---

[33] Por isso, é praticamente desconhecido entre os cientistas que trabalham em meteorologia e climatologia. Naturalmente, esta opinião é subjectiva, mas é feita com base nas citações observadas.

[34] Deve sublinhar-se que esta figura está de acordo com o mapa de Geiger (1954), que contém mais pormenores, uma vez que utiliza três caracteres para descrever o clima.

[35] As zonas do bioma Nemoral são caracterizadas por florestas deciduais resistentes à geada.

Zona intermédia

Os climas "fresco, húmido", "fresco, húmido" ou "fresco, seco" correspondem aos climas Cf (clima temperado quente sem estação seca) e Cs (clima temperado quente com estação seca no verão) de Koppen (1936) (Fig. 4). Verifica-se igualmente uma boa concordância com as abordagens de Rivas-Martinez et al. (2004) e Metzger et al. (2005). Na Bretanha, Aquitânia (partes ocidental e sudoeste de França) e noroeste da Península Ibérica, o clima é "fresco, húmido" com variabilidade média ou elevada de P e T. Estas regiões costeiras são separadas no método de Rivas-Martinez et al.(2004) como os bio-climas Tho (Temperado hiperoceânico), Thosm (Temperado hiperoceânico submediterrânico), Toc (Temperado oceânico) e Tocsm (Temperado oceânico submediterrânico); e no método de Metzger et al. (2005) como os ambientes ATC (Atlântico Central) e LUS (Lusitano[36]) com diferentes estratos. Nas regiões de planície, o que é o clima "fresco e húmido" no método de Feddema, é aproximadamente o bioclima Toc (Temperado oceânico) no método de Rivas-Martinez et al. e os ambientes ATN (Atlântico Norte) e ATC (Atlântico Central) no esquema de estratificação ambiental de Metzger et al. (2005). Do mesmo modo, o clima "fresco e seco" no método de Feddema é o bioclima Tco (Temperado continental) no método de Rivas-Martinez et al. e os ambientes CON (Continental) e PAN (Panónico) no método de Metzger et al. Na bacia da Panónia, o bioclima Tco é constituído principalmente pelo bioclima Tcost (Estepário continental temperado), mas existem também manchas mais secas do bioclima Txest (Estepário xérico temperado). O clima "frio e semiárido" com extrema variabilidade de T nas regiões costeiras do Mar Negro corresponde aos bioclimas Txest e Mpcst (estepe continental pluvial mediterrânica), de acordo com o esquema de Rivas-Marinez et al. (2004). De acordo com Metzger et al. (2005), estas regiões de climas "frescos e secos" e "frescos e semiáridos" com sazonalidade extrema de T pertencem ao ambiente PAN único. Note-se que as áreas do ambiente MDM (Montanhas Mediterrânicas) também podem ser encontradas no ambiente PAN. O autor deste livro visitou pessoalmente esses locais, muito perto de Budapeste, e é preciso dizer que esta particularidade é sublinhada nas brochuras correspondentes. Por último, o impacto do relevo pode ser visto diretamente no método de Metzger et al. (2005). Estas zonas são designadas por ambiente ALS (Alpine South). No sistema de Koppen (1936), estas zonas possuem climas Df (clima boreal sem estação seca) ou ET (clima de tundra alpina) consoante a altitude (Rubel et al., 2016). De acordo com Rivas-Martinez et al. (2004), as zonas de montanha podem possuir bio-climas Toc (temperado oceânico) e Tco (temperado continental). Por exemplo, nos Alpes europeus podem ser encontrados os dois tipos de bioclima mencionados. Este facto está de acordo com os resultados e a análise apresentados em Beniston (2005).

Zona Sul

De acordo com Koppen (1936), a zona sul é maioritariamente coberta pelo clima Cs (clima temperado quente com estação seca no verão). Isto está representado não só na Fig. 4, mas também no mapa de Geiger (1954). Nas regiões de montanha, o clima também pode ser Df (clima boreal sem estação seca) ou ET (clima de tundra alpina)

---

[36] A Lusitânia era uma antiga província romana da Península Ibérica. Também designa a flora e a fauna que só podem ser encontradas nas regiões costeiras quentes e húmidas de Portugal, Espanha e França.

como na zona média. De acordo com Rivas-Martinez et al. (2004), o clima predominante é o Mpo (Mediterrâneo pluvial oceânico), mas o Toc (Temperado oceânico) e o Tocsm
(Temperado oceânico submediterrânico). Note-se que os tipos de clima Mxo (Mediterrâneo xérico oceânico) e Mdo (Mediterrâneo desértico oceânico) estão também representados entre os climas mediterrânicos, como, por exemplo, o clima Mdo nas proximidades da Serra Nevada. Note-se que este carácter desértico do clima não foi registado por outros métodos. De acordo com Metzger et al. (2005), são sobretudo os tipos ambientais mediterrânicos [MDM (Montanhas Mediterrânicas), MDN (Norte Mediterrânico) e MDS (Sul Mediterrânico)] que são típicos da região. Ao mesmo tempo, existe uma elevada heterogeneidade de diferentes ambientes [ALS (Alpine South), CON (Continental), PAN (Pannonian), MDN (Mediterranean North), MDS (Mediterranean South)] na região das Montanhas dos Balcãs em torno das latitudes de 40°N. O mesmo pode ser observado no mapa de Rivas-Martinez et al. (2004). Esta elevada heterogeneidade climática é também reproduzida por Feddema (2005) através de simulações bem sucedidas de "cool, wet" → "cold, wet" → "cool, moist" → "cool, dry" → "cool,
transformações do tipo climático "semiárido". De notar que o tipo sazonal "extrema variabilidade de P e T" se transformou em tipo sazonal "extrema variabilidade de T". Do mesmo modo, pode observar-se uma elevada variabilidade climática na Península Ibérica através das transformações do tipo climático "fresco, húmido" → "fresco, seco" → "fresco, semiárido".

4.4.2.4 Alterações climáticas

O tratamento das alterações climáticas

O processo de mudança climática é examinado através da comparação das características anuais e sazonais do tipo de clima referentes aos períodos de 30 anos 1901-1930 e 1971-2000. As características das alterações climáticas anuais e sazonais são discutidas separadamente para garantir a clareza e a exaustividade da discussão. O processo de mudança climática pode ser facilmente analisado pelo método de Feddema (2005), o que será brevemente demonstrado abaixo nas Tabelas 11, 12 e 13, onde são apresentadas as possíveis mudanças do tipo térmico, do tipo de humidade e do tipo sazonal. As transformações de tipo térmico "frio" → "frio" e "frio" → "quente" representam o aquecimento. O tipo térmico "frio" → "quente
é apenas hipotética, pelo que a mudança de tipo térmico elevado não foi registada pelos dados utilizados neste livro. A transformação de tipo térmico "frio" → "quente" também representa um aquecimento, mas a sua probabilidade é mais elevada, uma vez que não se trata de um processo de "duplo passo" como a transformação "frio" → "quente". Naturalmente, não faz distinção entre
"cold" → "cool", "cold" → "warm" e "cool" → "warm" aquecimento. O processo de arrefecimento é representado através das transformações "warm" → "cool", "cool" → "cold" e "warm" → "cold". Naturalmente, esta última transformação também é apenas hipotética. Todas as considerações mencionadas relacionadas com o processo de aquecimento são igualmente válidas para o processo de arrefecimento.

Quadro 11 Características do tipo térmico e possíveis alterações do tipo térmico durante o século XX, de acordo com Feddema

Período	1971-2000			
	Tipo	frio	fixe	quente
1901-1930	frio	nenhuma alteração	aquecimento	aquecimento
	fixe	arrefecimento	nenhuma alteração	aquecimento
	quente	arrefecimento	arrefecimento	nenhuma alteração

Quadro 12 Características do tipo de humidade e possíveis alterações do tipo de humidade durante o século XX, de acordo com Feddema

Período	1971-2000			
	Tipo	seco	húmido	húmido
1901-1930	seco	nenhuma alteração	humidificação	humidificação
	húmido	secagem	nenhuma alteração	humidificação
	húmido	secagem	secagem	nenhuma alteração

O que é verdade para as possíveis mudanças de tipo térmico, é analogamente verdade para as possíveis mudanças de tipo de humidade. As mudanças de tipo térmico e de humidade serão tratadas separadamente nas descrições estatísticas, mas serão representadas em conjunto nos mapas. O mesmo princípio é aplicado para denotar as mudanças de tipo sazonais (Tabela 13).

A oceanicidade diminui e a continentalidade[37] aumenta através de sucessivas transformações de tipo sazonal "alta flutuação de P" → "alta flutuação de P e T" → "média flutuação de P e T"→ "alta flutuação de T" → "extrema flutuação de T".
Na direção oposta, a continentalidade diminui e a oceanicidade aumenta.[37]

Quadro 13 Características do tipo de sazonalidade e possíveis alterações no tipo e na magnitude da sazonalidade durante o século XX, de acordo com Feddema (abreviaturas: fl. - flutuação, med. - média, magn. - magnitude e extr. - extremo)

---

[37] A continentalidade é o oposto da oceanicidade. Quanto maior a oceanicidade, menor a continentalidade.

Período	1971-2000 Tipo	elevado fl. de P	elevado fl. de P e T	med. fl. de P e T	elevado fl. de T	extr. fl. de T
1901-1930	elevado fl. de P	nenhuma alteração	mudança de tipo,	magn. e mudança de tipo	mudança de tipo	magn. e mudança de tipo
	elevado fl. de P e T	mudança de tipo	nenhuma alteração	magn. mudança	mudança de tipo	magn.e mudança de tipo
	med. fl. de P e T	magn. e mudança de tipo	magn. mudança	nenhuma alteração	magn. e mudança de tipo	magn.e mudança de tipo
	elevado fl. de T	mudança de tipo	mudança de tipo	magn. e mudança de tipo	nenhuma alteração	magn. mudança
	extr. fl. de T	magn. e mudança de tipo	magn. e mudança de tipo	magn. e mudança de tipo	magn. mudança	nenhuma alteração

Como se vê, os tipos sazonais de Feddema são uma medida da oceanicidade/continentalidade e a transformação do tipo sazonal reflecte a alteração do grau de oceanicidade/continentalidade. Esta caraterística do método de Feddema (2005) é importante, uma vez que a oceanicidade/continentalidade e a sua alteração é um importante indicador climático e de alterações climáticas.

Tratamento estatístico

A distinção ou concordância entre os mapas climáticos obtidos pela média do modelo ENSEMBLES referentes aos períodos 1901-1930 e 1971-2000 é também avaliada estatisticamente. É escolhido o conhecido método estatístico Kappa (Cohen, 1960), que se baseia na estimativa do coeficiente kappa (K). O método é uma ferramenta comum para comparações quantitativas rigorosas de diferentes mapas climáticos (por exemplo, Monserud e Leemans, 1992; Heikkinen et al., 2006). O coeficiente k é calculado utilizando uma tabela de contingência (Monserud e Leemans, 1992), que, em termos da sua estrutura, é muito semelhante e quase idêntica às tabelas (Tabela 11, 12 e 13) utilizadas acima. Estes quadros serão utilizados na análise dos resultados. k pode variar entre 0 e 1. Para k = 0, não há concordância entre a caraterística ou o tipo de clima escolhido para a análise. Para k = 1, a concordância é total. A categorização do grau de concordância também será dada segundo Monserud e Leemans (1992).

Resultados

A distribuição espacial das mudanças de tipo térmico e de humidade na região europeia de acordo com o método de Feddema (2005) é apresentada na Fig. 27. As tabelas de contingência para os tipos térmicos e de humidade mais representativos[39] são apresentadas nos Quadros 14 e 15, respetivamente. Os valores apresentados nas tabelas de contingência representam frequências expressas em percentagem. Como podemos ver, os tipos térmicos e de humidade mais típicos da região europeia (tipos térmicos "frio" e "fresco" e o tipo de humidade "húmido") mantiveram-se inalterados em cerca de cinquenta por cento do território. Mais exatamente, 45%,

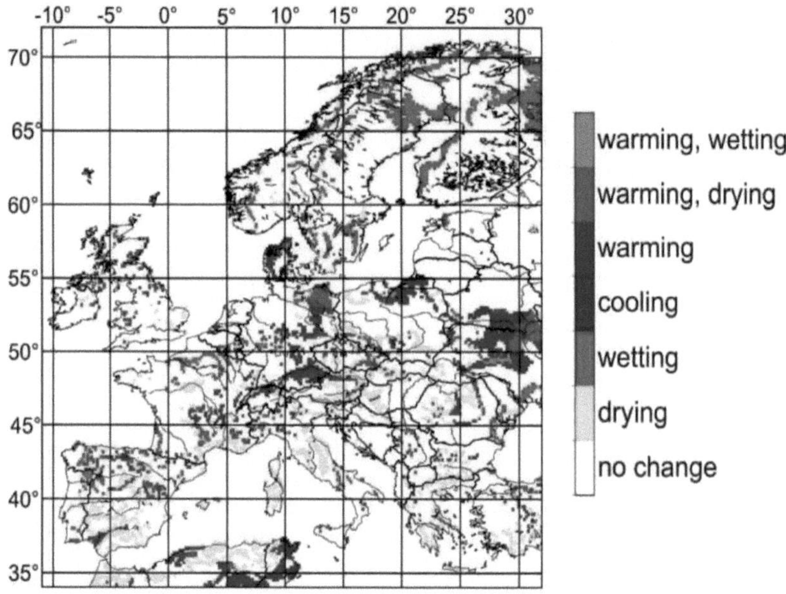

Fig. 27 As alterações térmicas e do tipo de humidade na região europeia durante o século XX (1901-1930 e 1971-2000) de acordo com o esquema de Feddema (2005) (fonte: criado por Nora Skarbit)

Quadro 14 Tabela de contingência para o cálculo do coeficiente K para estimar o grau de concordância entre os diferentes tipos térmicos durante o século XX (1901-1930 e 1971-2000)

Período	1971-2000			
	Tipo	frio	fixe	quente	Σ
1901-1930	frio	45.6049	6.3118	0	51.9167
	fixe	0.1963	46.4482	0.9817	47.6262
	quente	0	0.0161	0.441	0.4571
	Σ	45.8012	52.7761	1.4227	100

---

[39] Os tipos térmicos e de humidade mais representativos são os tipos térmicos e de humidade que possuem a maior extensão de área.

46% e 48% dos tipos térmicos "frio" e "fresco" e do tipo de humidade "húmido", respetivamente, mantiveram-se inalterados. Os tipos de humidade "húmido" e "seco" foram mais variáveis, permanecendo inalterados em 15% e 26% dos casos. As áreas com características anuais inalteradas são deixadas a branco na Fig. 27. Podem ser igualmente observadas nas zonas norte, média e sul. O aquecimento é o processo de alteração climática mais frequente. Realiza-se através da transformação "frio"→ "frio" com cerca de 6%

probabilidade. As áreas caracterizadas pelo aquecimento encontram-se principalmente nas zonas norte (Escócia, Dinamarca) e média (Polónia, Bielorrússia, Ucrânia, Baviera, Suíça). A humidade e a secagem são processos aproximadamente igualmente frequentes.

Quadro 15 Tabela de contingência para o cálculo do coeficiente K PARA ESTIMAR O grau de concordância entre os diferentes tipos de humidade durante o século XX (19011930 e 1971-2000)
Quadro 15 Tabela de contingência para o cálculo do coeficiente K para estimar o grau de concordância entre os diferentes tipos de humidade durante o século XX (19011930 e 1971-2000)

Período	1971-2000				
	Tipo	seco	húmido	húmido	Σ
1901-1930	seco	25.9729	4.339	0	30.3119
	húmido	3.8048	48.0868	1.2634	53.155
	húmido	0	1.2959	15.2372	16.5331
	Σ	29.7776	53.7218	16.5006	100

A humidade ocorre através da transformação "seco"→ "húmido" com cerca de 4% de probabilidade. É dominante na zona norte, em latitudes superiores a 65°N (Fig. 27). A secagem é realizada através das transformações do tipo de humidade "húmido" → "seco" (3,8%) e "molhado"→ "húmido" (1,3%) e, como vemos, a frequência desta última transformação é muito inferior à da primeira. A secagem está mais representada nas zonas centrais (Polónia, Roménia, Hungria, Eslováquia, Áustria) e meridionais (Península Ibérica, Sardenha, Península do Peloponeso, Creta). Existem também processos de mudança "duplos", como os processos "aquecimento, secagem" e "aquecimento, humidade". O primeiro é muito mais frequente do que o segundo. Grandes áreas caracterizadas por "aquecimento, secagem" podem ser

Encontram-se nas regiões do nordeste da Alemanha e da Ucrânia. Estas zonas estão também representadas no vale do Danúbio, no sul de França e na Península Ibérica.

A distribuição espacial das mudanças de tipo sazonal na região europeia de acordo com o método de Feddema (2005) é apresentada na Fig. 28. O Quadro 16 representa a tabela de contingência correspondente para os tipos sazonais. Note-se que nem todos os tipos sazonais são tratados quantitativamente. Assim, os tipos sazonais "extrema, alta e média variabilidade de P" não são de todo considerados, uma vez que a sua ocorrência é demasiado pequena em relação ao valor de

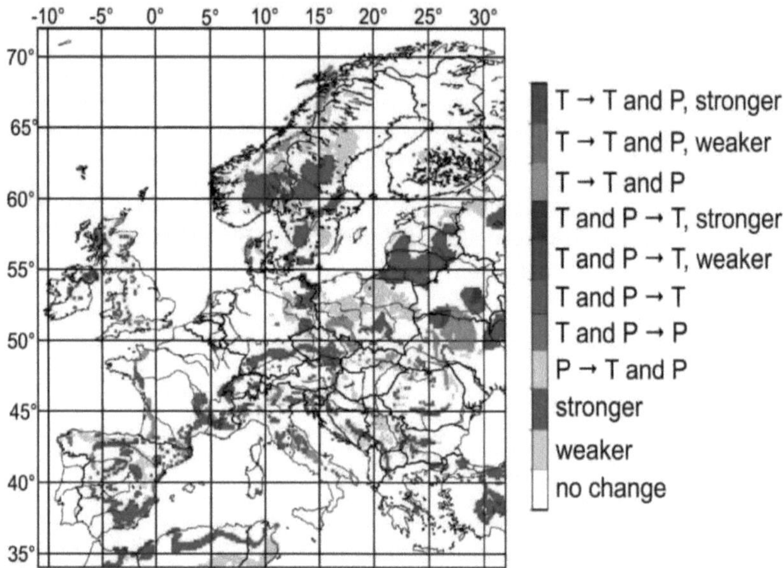

Fig. 28 As mudanças de tipo sazonal na região europeia durante o século XX (1901-1930 e 1971-2000) de acordo com o esquema de Feddema (2005) (fonte: criado por Nora Skarbit)

ocorrência dos tipos sazonais "extrema, alta ou média variabilidade de P e T" e "extrema, alta ou média variabilidade de T". Os tipos sazonais tratados são "extrema sazonalidade de T", "alta sazonalidade de T", "extrema sazonalidade de T e P" e "alta sazonalidade de T e P" (Tabela 16). À primeira vista, vemos que as mudanças de tipo sazonais são mais frequentes do que as mudanças de tipo térmico e de humidade. Até 31% e 27% dos tipos sazonais "extrema variabilidade de T" e "alta variabilidade de T", respetivamente, permaneceram inalterados. Os tipos sazonais "extrema variabilidade de T e P" e "alta variabilidade de T e P" sofreram mais alterações em relação ao primeiro, apenas 10% permaneceram inalterados. As áreas com características de tipo sazonal inalteradas são deixadas a branco (Fig. 28). A frequência das transformações "extrema sazonalidade de T" → "alta sazonalidade de T" e "extrema sazonalidade de T e P" → "alta sazonalidade de T e P", em que a oceanicidade aumentou ligeiramente, é de cerca de 6% e 0,6%, respetivamente. Estas áreas não são distinguidas na Fig. 28, são apresentadas a cinzento claro.

Quadro 16 Tabela de contingência para o cálculo do coeficiente K para estimar o grau de concordância entre os diferentes tipos sazonais durante o século XX (19011930 e 1971-2000) (abreviaturas: e. = extremo, fl. = flutuação, h. = elevado)

Período		1971-2000				
	Tipo	e. T fl.	h. T fl.	e. T e P fl.	h. T e P fl.	$\sum$
1901-1930	e. T fl.	31.072	6.2305	0.3154	0.1208	37.7387
	h. T fl.	2.4023	26.623	0.1342	2.154	31.3135
	e. T e P fl.	2.513	0.5167	10.3573	0.5939	13.9809
	h. T e P fl.	0.1577	6.1835	0.2852	10.3405	16.9669
	$\sum$	36.1449	39.5538	11.0921	13.2092	100

Encontram-se igualmente nas zonas norte, média e sul. A oceanicidade também é aumentada pela "sazonalidade extrema de T" → "sazonalidade extrema de T e P", bem como pelas transformações "alta sazonalidade de T"→ "alta sazonalidade de T e P", que são apresentadas a verde na Fig. 28. No entanto, a oceanicidade é reduzida pelas transformações "T e P"→ "T" (vermelho na Fig. 28) e pela transformação "alta sazonalidade de T" → "sazonalidade extrema de T" (cinzento escuro na Fig. 28). Estas áreas extensas podem ser encontradas no território da Península Escandinava, dos Estados Bálticos, da Baviera e da Península Ibérica. É de salientar que não se observa qualquer regularidade na distribuição das áreas com oceanicidade aumentada ou diminuída.

Os resultados da estatística K, juntamente com o grau de concordância, são apresentados no Quadro 17. Como se vê, os valores do coeficiente K são relativamente elevados, ou seja, a concordância entre os tipos térmicos, de humidade e sazonais no início e no fim do século XX é relativamente boa. Com base nisto, podemos afirmar que apenas são visíveis os primeiros sinais de mudança climática, ou seja, o processo de mudança climática na região europeia no século XX não está num estado muito avançado.

Quadro 17 Valores do coeficiente k e grau de concordância entre diferentes características climáticas durante o século XX (1901-1930 e 1971-2000)

Características climáticas	Coeficiente Kappa (κ)	Grau de concordância
Tipo térmico	0.853	excelente
Tipo de humidade	0.821	muito bom
Tipo sazonal	0.692	bom

4.4.3 Século XXI

4.4.3.1 Clima

O clima do século XXI é analisado utilizando resultados de simulações dos modelos HIRHAM, HIRHAM5 e HadRM3Q, bem como médias de conjuntos referentes ao final da primeira (2021-2050) e segunda parte (2071-2100) do século. As características climáticas anuais e sazonais para a primeira e segunda parte do século são apresentadas nas Figs. 29, 30, 31 e 32, respetivamente. Os climas simulados serão analisados utilizando todos os resultados da simulação (HIRHAM, ensemble averaging, HIRHAM5 e HadRM3Q), mas separadamente para as zonas norte, média e sul.

Zona Norte

Os tipos de clima mais frequentes são os climas "frio, húmido", "frio, seco", "frio, húmido" e "frio, seco" com flutuações extremas ou elevadas de T. Os climas "frio, húmido" e "frio, seco" não se encontram apenas na Dinamarca, no sul da Suécia e na Escócia, mas também nos Estados Bálticos, na Finlândia, no norte da Noruega e no norte da Rússia. De notar o clima "fresco, semiárido" na ilha da Zelândia e em torno da cidade de Malmo, obtido pelo HIRHAM, e no sul da Suécia, ao longo da costa do Mar Báltico, em torno de 58°N, obtido pelo HadRM3Q no período 2071-2100. Todos os tipos de sazonalidade (sazonalidade elevada de P, sazonalidade extrema e/ou elevada de P e T, sazonalidade extrema e elevada de T) observados no século XX são também obtidos por todas as simulações

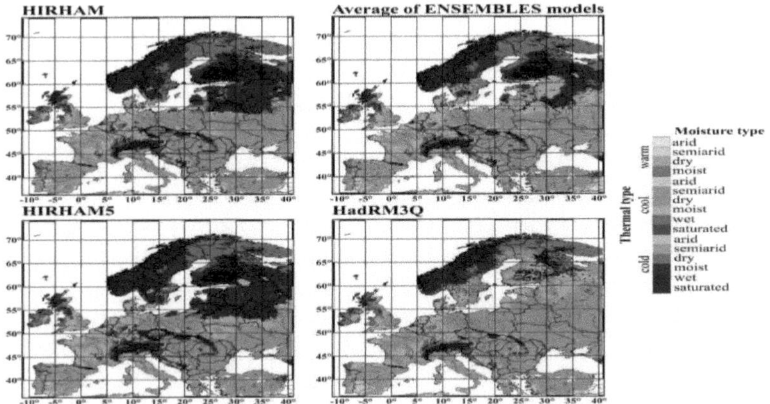

Fig. 29 Os tipos térmicos e de humidade na região europeia durante 2021-2050, de acordo com o esquema de Feddema (2005), utilizando resultados de simulação obtidos com a) HIRHAM, b) ensemble averaging, c) HIRHAM5 e d) HadRM3Q (fonte: criado por Nora Skarbit) no século XXI. As principais características da sua distribuição geográfica mantiveram-se inalteradas.

Zona intermédia

As principais características climáticas do século XX mantiveram-se inalteradas: os climas "frio, húmido" e "frio, seco e/ou semiárido", com uma variabilidade elevada ou extrema de T nas zonas de planície, e os climas "frio, húmido", "frio, húmido ou molhado", mas também "frio, seco"

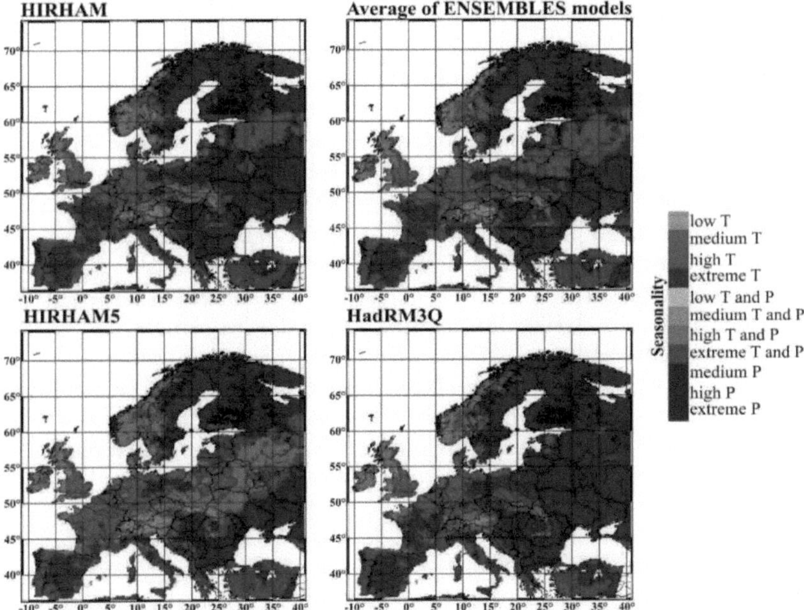

Fig. 30 Os tipos de sazonalidade na região europeia durante 2021-2050, de acordo com

o esquema de Feddema (2005), utilizando resultados de simulação obtidos com a) HIRHAM, b) ensemble averaging, c) HIRHAM5 e d) HadRM3Q (fonte: criado por Nora Skarbit) clima alpino com variabilidade extrema, alta ou média de P e T. Note-se que o clima alpino será mais quente e as terras baixas mais secas. As áreas de clima alpino "frio e seco" são simuladas por HIRHAM e HIRHAM5. A dimensão das zonas semiáridas aumentou, de acordo com todas as simulações de modelos, em comparação com o século XX. Prevê-se que apareçam, por exemplo, não só na bacia da Panónia, na planície romena, mas também na Polónia Central. As zonas semiáridas da Polónia Central no período de 2071-2100 são simuladas pelo HIRHAM, pelo conjunto de médias e pelo HadRM3Q. O comportamento do HIRHAM5 é compreensível, uma vez que este modelo simulou a maior precipitação. Ao mesmo tempo, as áreas "quentes, semi-áridas ou áridas" são obtidas na planície romena por todos os modelos

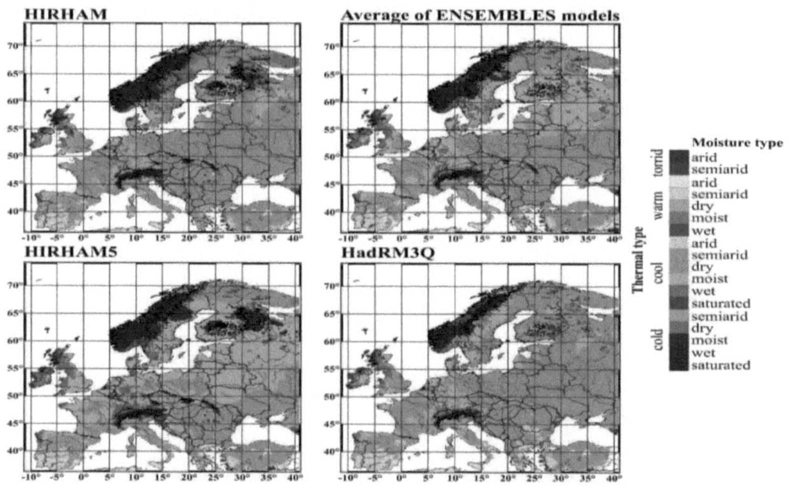

Fig. 31 Os tipos térmicos e de humidade na região europeia durante 2071-2100, de acordo com o esquema de Feddema (2005), utilizando resultados de simulação obtidos a partir de simulações a) HIRHAM, b) ensemble averaging, c) HIRHAM5 e d) HadRM3Q (fonte: criado por Nora Skarbit). A maior variedade de zonas "quentes" é simulada pelo HadRM3Q no período 2071-2100. Por exemplo, estão previstas zonas "quentes e húmidas", "quentes e secas" e "quentes e semiáridas" na região da costa norte do Adriático, em Itália. Por outro lado, todas as simulações de modelos produziram um forte gradiente climático de climas "frios e húmidos" para "frios e secos" ou "quentes e semiáridos" no Norte de Itália, entre os Alpes europeus e o Adriático. No que respeita à sazonalidade, o comportamento do HIRHAM5 difere do comportamento das outras simulações. Como já foi referido, entre os modelos, a causa de tal

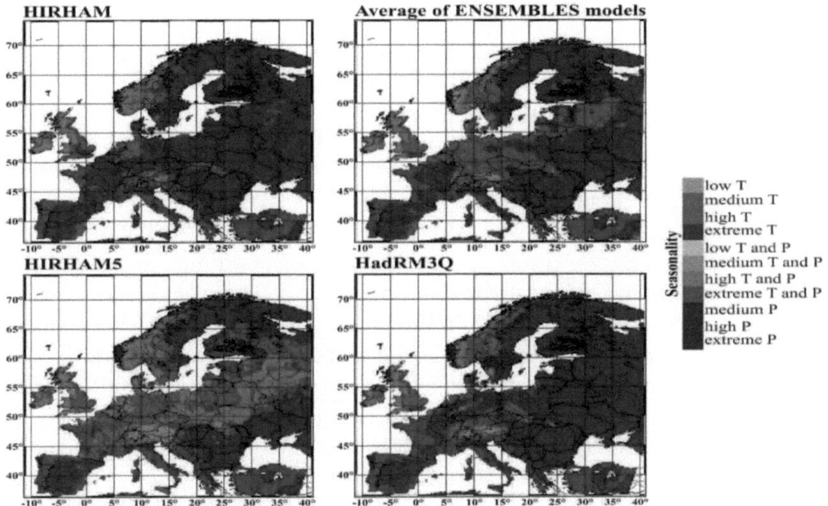

Fig. 32 Os tipos de sazonalidade na região europeia durante 2071-2100, de acordo com o esquema de Feddema (2005), utilizando resultados de simulação obtidos com a) HIRHAM, b) ensemble averaging, c) HIRHAM5 e d) HadRM3Q (fonte: criado por Nora Skarbit)

é que o HIRHAM5 simulou a maior precipitação em toda a região europeia.

Zona Sul

Para além das grandes zonas climáticas "frias e semiáridas", todas as simulações de modelos prevêem grandes zonas climáticas "quentes e semiáridas". Para além das zonas de clima "quente e semiárido", também se encontram zonas de clima "quente e seco" e "quente e árido". No entanto, existem também zonas de clima "quente e húmido" nas regiões costeiras do norte da Albânia e do sul do Montenegro, de acordo com todas as simulações no período 2071-2100. O HadRM3Q também produziu zonas climáticas "quentes e húmidas" nas regiões costeiras do norte de Itália e nas zonas de montanha de Portugal. O clima "fresco e húmido" com sazonalidade extrema de P e T pode ser encontrado nas zonas de montanha. Os tipos de sazonalidade predominantes são "sazonalidade extrema de T" e "sazonalidade extrema de P e T".

4.4.3.2 Os tipos de clima de Feddema e as principais condicionantes geográficas

Até agora, não tentámos explicar a distribuição por área dos tipos climáticos obtidos, ou seja, não discutimos a forma como os tipos climáticos de Feddema estão relacionados com os principais controlos geográficos do clima. A questão será abordada mais adiante com a apresentação de algumas considerações gerais e uma discussão do assunto referente separadamente às zonas norte, média e sul com uma inspeção dos mapas para os séculos XX (Figs. 25 e 26) e XXI (Figs. 29-32).

Observações gerais

Os principais factores geográficos que influenciam o clima são a latitude, a longitude, o relevo e as extensas massas de água sem litoral, como, por exemplo, o Mar Báltico, o Mar Mediterrâneo e o Mar Negro na região europeia. Köppen (1936) já estava consciente do impacto climático destes condicionalismos geográficos. No estudo de Köppen (1936), pode ler-se o seguinte "Die drei Hauptquellen der klimatischen Verschiedenheiten sind 1) die geographische Breite, 2) der Gegensatz von Meer und Land und 3) Höhe über dem Meere. Destas, a geographische Breite é a mais importante; ela funciona tanto através da intensidade do sol e da duração da viagem como através da mecânica.

Wirkungen der Erdumdrehung auf alle Bewegungen". (Tradução livre: As principais fontes de variedade climática são: 1) as diferenças de latitude, 2) as diferenças de tipo de superfície entre a terra e o mar, e 3) as diferenças de altitude acima do nível da superfície do mar. Entre estas, as diferenças de latitude actuam como o fator mais forte, influenciando não só o ângulo zenital do Sol, mas também a duração da luz do dia e a troca de energia entre a superfície da Terra e a atmosfera). Note-se que o contraste entre a superfície terrestre e a superfície marítima depende tanto da posição geográfica das extensas massas de água sem terra como da longitude. Pode ser expresso através da noção de oceanicidade (por exemplo, Metzger et al., 2005) ou através da noção de continentalidade (por exemplo, Beniston, 2005). Quanto mais próxima uma determinada região estiver do oceano ou de uma massa de água extensa sem terra, maior será a oceanicidade. Em regiões de grande oceanicidade, a sazonalidade de P (P_{max} - P^{min}) é grande e a sazonalidade de PET (PET_{max} - PET^{min}) é pequena. As flutuações de T^{40} (T^{max} - T^{min}) também podem ser usadas como uma medida de oceanicidade ou continentalidade (por exemplo, Pesaresi et al., 2014). Quanto maiores forem as flutuações de T, maior será a continentalidade, e vice-versa, quanto menores forem as flutuações de T, maior será a oceanicidade. A latitude é certamente o fator mais importante à escala global. O relevo e a oceanicidade/continentalidade actuam em escalas mais pequenas em relação à latitude.

Zona Norte

Podem ser observados dois efeitos combinados. Em primeiro lugar, o efeito combinado da latitude e do Mar Báltico no clima pode ser visto através do tipo de humidade "seco" → "húmido" e através das transformações do tipo sazonal "extrema sazonalidade de T"→ "alta sazonalidade de T"→ "extrema ou alta sazonalidade de P e T" movendo-se para sul desde a Noruega através da Finlândia até aos Estados Bálticos. Os resultados do HadRM3Q mostram a maior variedade: "frio, húmido"→ "frio, seco"→ "frio, seco"→ "frio, húmido" transformações de tipo térmico e de humidade sem qualquer mudança de tipo sazonal no período 2021-2050, ou um clima "frio, seco" quase espacialmente homogéneo no período 2071-2100 em Noruega e Finlândia. Note-se que o HIRHAM5 reproduziu sempre o aumento da oceanicidade deslocando-se para sul através da "sazonalidade extrema de T"→ "extrema sazonalidade da transformação do tipo sazonal T e P". Em segundo lugar, o efeito combinado do Oceano Atlântico, do relevo e da longitude no clima pode ser claramente observado através das transformações do tipo de humidade "húmido"→ "seco" ou

---

[40] Os valores P, PET ou T significam valores médios mensais, pelo que P^{max} , PET^{max} ou T^{max} representam os maiores valores médios mensais. Analogamente, os valores P^{min} , PET^{min} e T^{min} representam os valores médios mensais mais pequenos.

"húmido"→ "húmido"→ "seco" que se deslocam para leste na Península Escandinava. Tal como no primeiro caso, os resultados do HadRM3Q apresentam a maior variedade. A diminuição da oceanicidade para leste pode ser observada através de transformações do tipo sazonal "alta sazonalidade de P"→ "extrema ou alta sazonalidade de T e P"→ "alta sazonalidade de T" → "extrema sazonalidade de T", tanto no século XX como no século XXI. Estas transformações são mais pronunciadas em torno da zona de latitude de 60°N. O efeito da interação Oceano Atlântico-relevo-longitude no clima pode também ser observado de forma notável em regiões mais pequenas, como a Escócia, a Dinamarca e o Sul da Suécia. Tanto as observações como as simulações reproduziram o tipo de humidade "molhado" → "húmido" e o tipo de humidade "húmido"→ "seco"

transformações que se deslocam para leste na Escócia e na Dinamarca, respetivamente. Note-se que o HIRHAM simulou uma transformação do tipo de humidade "húmida" → "seca"→ "semiárida" na Dinamarca no período 2071-2100. A oceanicidade diminui em direção a leste (Metzger et al., 2005). Este facto pode ser observado de forma acentuada nas Terras Altas da Escócia através das transformações de tipo sazonal "alta sazonalidade de P"→ "alta sazonalidade de P e T"→ "alta sazonalidade de T". Na Dinamarca, este efeito é reproduzido através do tipo sazonal "sazonalidade extrema ou alta de P e T"→ "sazonalidade alta ou extrema de T"

transformação. Também se registam transformações sazonais semelhantes no sul da Suécia. A bacia hidrográfica do Mar Báltico é uma importante zona de formação de ciclones (Sepp, 2009) e, juntamente com o Oceano Atlântico, contribui significativamente para o aumento da oceanicidade na Suécia, na Finlândia e nos Estados Bálticos (por exemplo, HELCOM, 2007).

Zona intermédia

O efeito da latitude no clima pode ser reconhecido através das transformações do tipo de humidade "húmido"→ "seco" → "semiárido" e do tipo térmico "frio" → "frio" em todo o Leste

Planície Europeia em torno da linha longitudinal 30°E. Entre os modelos, apenas o HIRHAM5 produziu a transformação do tipo sazonal "alta sazonalidade de P e T"→ "extrema sazonalidade de T" na linha entre Vilnius e Odesa, o que está de acordo com a estimativa da oceanicidade obtida por Metzger et al. (2005). O efeito conjunto do Oceano Atlântico e da longitude no clima é claramente visível a leste através das transformações de tipo sazonal "húmido" → "húmido"→ "seco" e "alta variabilidade de P e T" → "alta variabilidade de T" no País de Gales e Inglaterra, em França ao longo da linha Bretanha-Paris-Reno; através de transformações do tipo de humidade "húmida" → "seca" e do tipo sazonal "alta variabilidade de T" → "extrema variabilidade de T" na planície do Norte da Europa e na bacia da Panónia durante o século XX e através de transformações do tipo de humidade "húmida" → "seca" → "semiárida" na bacia da Panónia durante o século XXI. O clima alpino (clima "frio e húmido" com variabilidade extrema, alta ou média de P e T) é causado pelo relevo (altitude e efeitos topográficos em conjunto) em interação principalmente com o Oceano Atlântico, o Mar Mediterrâneo e o Mar Negro (Alpert et al., 1990).

Zona Sul

O impacto das restrições geográficas no tipo de humidade é claramente visível na

Península Ibérica, na Itália Central e no Sul dos Balcãs. O impacto da interação entre o relevo do Oceano Atlântico e a latitude nos climas em Portugal é visível a sul através da transformação do tipo de humidade "húmido" → "húmido" → "seco"→ "semiárido" e através da transformação do tipo térmico "frio" ^ "quente" em Espanha no final do século XXI em todas as simulações. Do mesmo modo, o impacto da interação Oceano Atlântico-relevo-longitude sobre os climas pode ser reconhecido, deslocando-se para leste, também através de transformações do tipo de humidade "húmido"→ "húmido" → "seco" → "semiárido" ou através de transformações simples do tipo de humidade "seco" → "semiárido" e "extrema variabilidade de P e T"→ "extrema variabilidade de T" em Portugal e Espanha. O impacto conjunto da interação entre o Oceano Atlântico e a longitude do relevo do Mar Mediterrâneo no tipo de clima pode ser observado na Itália Central através das transformações de tipo sazonal "húmido" → "seco" → "semiárido" e "extrema sazonalidade de P e T" → "extrema sazonalidade de T". Note-se que esta sub-região é muito mais pequena do que a Península Ibérica. O efeito da interação entre o Oceano Atlântico e o relevo do Mar Mediterrâneo no clima do sul dos Balcãs pode ser registado através de transformações do tipo de humidade "húmida" → "húmida" que se deslocam para sul e através de transformações do tipo de humidade "húmida"→ "seca"→ "semiárida" que se deslocam para leste. Em todos estes casos, o efeito do relevo em combinação com uma extensa massa de água sem terra é enorme. Note-se que o clima alpino na zona sul é mais frequentemente "fresco e húmido" do que "frio e húmido".

4.4.3.3 Alterações climáticas

O tratamento estatístico (cálculo do coeficiente κ) aplicado para o século XX é repetido para o século XXI para o cálculo da média do modelo ENSEMBLES. Os intervalos de tempo comparados são os períodos de trinta anos 1971-2000 e 2071-2100. Os mapas das alterações climáticas em termos de características anuais e sazonais são apresentados nas Figs. 33 e 34, respetivamente.

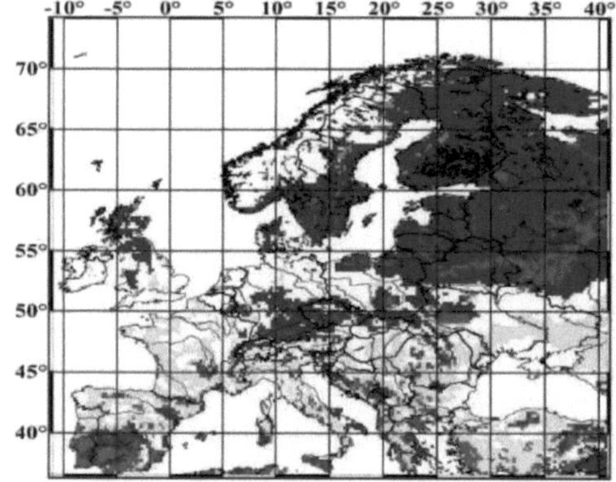

Fig. 33 As alterações térmicas e do tipo de humidade na região europeia durante o século XXI (1971-2000 e 2071-2100) de acordo com o esquema de Feddema (2005) (fonte: criado por Nora Skarbit)

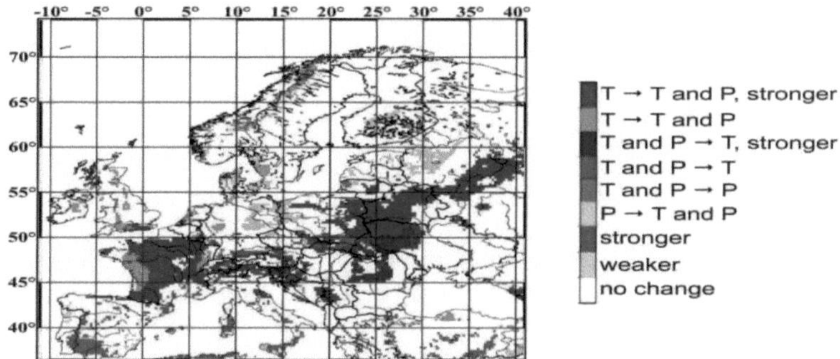

Fig. 34 As mudanças de tipo de sazonalidade na região europeia durante o século XXI (1971-2000 e 2071-2100) de acordo com o esquema de Feddema (2005) (fonte: criado por Nora Skarbit)
As tabelas de contingência para os tipos térmicos, de humidade e sazonais mais representativos são apresentadas nas Tabelas 18, 19 e 20, respetivamente.

Tabela 18 Tabela de contingência para o cálculo do coeficiente K para estimar o grau de concordância entre os diferentes tipos térmicos durante o século XXI (19712000 e 2071-2100)

Período	2071-2100			
	Tipo	frio	fixe	quente	Σ
1971-2000	frio	7.3994	45.5469	0	52.9463
	fixe	0	37.3649	8.1236	45.4885
	quente	0	0	1.5652	1.5652
	Σ	7.3994	82.9118	9.6888	100

Tabela 19 Tabela de contingência para o cálculo do coeficiente K para estimar o grau de concordância entre os diferentes tipos de humidade durante o século XXI (19712000 e 2071-2100)

Período	2071-2100				
	Tipo	semiárido	seco	húmido	Σ
1971-2000	semiárido	10.2621	0.0894	0	10.3515
	seco	12.8551	31.0269	0.7772	44.6592
	húmido	0.1169	12.0435	32.8289	44.9893
	Σ	23.2341	43.1598	33.6062	100

Tabela 20 Tabela de contingência para o cálculo do coeficiente k para estimar o grau de concordância entre os diferentes tipos sazonais durante o século XXI (19712000 e 2071-2100) (abreviaturas: e. = extremo, fl. = flutuação, h. = elevado)

Período	2071-2100					
	Tipo	e. T fl.	h. T fl.	e. T e P fl.	h. T e P fl.	Σ
1971-2000	e. T fl.	45.8799	4.0619	1.0824	0.2444	51.2686
	h. T fl.	10.923	13.2914	0.902	1.5829	26.6993
	e. T e P fl.	3.3869	1.0999	8.7232	0.8205	14.0305
	h. T e P fl.	1.2337	1.2512	1.0533	4.4635	8.0016
	Σ	61.4234	19.7044	11.7609	7.1113	100

A Fig. 33 e o Quadro 18 mostram inequivocamente que o aquecimento é o processo de alteração climática dominante na região europeia no decurso do século XXI. Prevê-se que ocorra maioritariamente (com uma frequência de cerca de 46% no Quadro 18) através da transformação do tipo térmico "frio" → "frio", mas o tipo térmico "frio" → "quente"

A transformação da temperatura também está representada (com uma frequência de cerca de 8% na Tabela 18). Note-se que a probabilidade de aquecimento (45,5% e 8,1% no Quadro 18) é maior do que a probabilidade de estacionariedade (7,4% mais 37,4% mais 1,5% no Quadro 18). O aquecimento está fortemente representado nas áreas de planície da zona norte, na planície da Europa de Leste, na Europa Central e nas partes sudoeste da Península Ibérica. A probabilidade de aquecimento é elevada nas Terras

Altas da Escócia, mas não está prevista na Noruega
Alpes. Prevê-se que ocorra principalmente como um processo "simples" (apenas aquecimento), mas também pode ser realizado no âmbito de um processo de mudança "duplo" (aquecimento e secagem ou aquecimento e humidade). O "aquecimento e secagem" é muito mais frequente do que o "aquecimento e humidade", devendo a sua frequência de ocorrência ser mais elevada na planície da Europa Oriental e na Península Ibérica. A secagem é o segundo processo de alteração climática mais frequente na região europeia no decurso do século XXI. Prevê-se que se concretize principalmente através das transformações do tipo de humidade "húmido"→ "seco" (12% de frequência na Tabela 19) e "seco" → "semiárido" (12% de frequência na Tabela 19). A transformação do tipo de humidade "húmido" → "húmido" é muito menos frequente do que a transformação do tipo de humidade "húmido"→ "seco", pelo que não existe uma categoria "húmido" no Quadro 19. Note-se que existe também o processo de humidificação (transformações "seco"→ "húmido" e "semiárido"→ "seco"), mas com frequências extremamente baixas. Prevê-se que a secagem ocorra principalmente na planície da Europa Oriental, na bacia da Panónia, na planície romena, em França, Itália, no sul dos Balcãs e na Península Ibérica.

No que diz respeito às mudanças de tipo sazonais, podemos ver que a oceanicidade deve aumentar através de "T e P"→ "P" (azul na Fig. 34), "T" → "T e P" (verde na Fig. 34, cerca de 3,5% de frequência na Tabela 20) e "sazonalidade extrema de T"→ "alta sazonalidade de T" (cor cinzenta clara na Fig. 34, cerca de 4% de frequência no Quadro 20) nas Highlands escocesas, na Irlanda, em Inglaterra, nos Alpes noruegueses, na Dinamarca, no sul da Suécia, na Finlândia e em extensas áreas da Rússia não muito longe do Mar Báltico. A diminuição da oceanicidade é prevista através de "P" → "T e P" (amarelo na Fig. 34), "T e P" → "T" (vermelho na Fig. 34, cerca de 6,7% de frequência no Quadro 20), "alta sazonalidade de T"′ → "extrema sazonalidade de T" (cinzento escuro na Fig. 34, cerca de 11% na Tabela 20) transformações do tipo sazonal no norte de Portugal, sul de Espanha, Sardenha, Sicília, França, Alpes Europeus, Montanhas dos Cárpatos, Alpes Dináricos e em extensas áreas da Planície do Norte da Europa. As áreas onde a oceanicidade deveria aumentar são um pouco maiores do que as áreas onde a oceanicidade deveria diminuir.

Os valores do coeficiente K calculados juntamente com a qualificação da concordância entre os mapas referentes a 1971-2000 e 2071-2100 são apresentados no Quadro
21 para os tipos térmico, húmido e sazonal, separadamente. As maiores alterações são esperadas para os tipos térmicos (o valor do coeficiente K é de apenas 0,078, pelo que a concordância é muito fraca), causadas pelo processo de aquecimento em extensas áreas nas zonas norte e média. As alterações do tipo de humidade são representadas principalmente pela secagem, que se prevê que ocorra sobretudo na zona média e sul da região europeia. No entanto, o valor do seu coeficiente k é de 0,59, muito superior a 0,078, pelo que as diferenças de tipo de humidade deverão ser consideravelmente menores do que as diferenças de tipo térmico. Espera-se que a concordância entre os tipos de sazonalidade seja um pouco menor do que a concordância entre os tipos de humidade. O valor do coeficiente k referente é de 0,547, pelo que estas diferenças são menos importantes do que as diferenças nas características térmicas.

Tabela 21 Valores do coeficiente k e grau de concordância entre diferentes características climáticas durante o século XXI (1971-2000 e 2071-2100)

Características climáticas	Coeficiente Kappa (K)	Grau de concordância
Tipo térmico	0.078	muito fraco
Tipo de humidade	0.590	bom
Tipo sazonal	0.547	correto

Principais conclusões e perspectivas

Um método ideal de classificação climática deveria ser independente da escala e do tempo[41] e deveria ser tão simples quanto possível[42] . Não é certo que um tal método possa alguma vez ser construído. No entanto, os progressos efectuados desde os gregos antigos até hoje foram enormes e a velocidade de evolução no século XXI está a aumentar exponencialmente. Os gregos antigos deram os primeiros passos quando reconheceram a grande importância da latitude na formação do clima à escala global. Koppen e
Thornthwaite, os actores incontornáveis da ciência da classificação climática, construíram os seus métodos recorrendo aos conhecimentos dos gregos antigos, aos conhecimentos acumulados em biogeografia e a grandes conjuntos de dados meteorológicos. A era moderna (Koppen, 1936; Thornthwaite, 1948) começou com eles.

Neste livro, o método de Feddema é escolhido para analisar o clima da região europeia nos séculos XX e XXI. Como já referi, adoptámos o método de Feddema (2005) como um produto final da abordagem do tipo Thornthwaite (Thornthwaite, 1948). O método é testado 1) verificando o cálculo do PET, 2) comparando os seus resultados com os resultados de outros métodos biofísicos (por exemplo, Rivas-Martinez et al., 2004; Metzger et al., 2005) e 3) discutindo a relação entre os tipos de clima e os principais controlos geográficos do clima.

1) O PET é calculado pela equação de Thornthwaite [equações (1) - (4)] (PETT) e comparado com o PETPM estimado pela equação de Penman-Monteith (Monteith, 1965) utilizando conjuntos de dados completamente diferentes. Os dados diferem não só em termos de resolução, mas também em termos de tipo. A comparação é efectuada para a zona latitudinal 35°N-70°N e para o período 1987-1988. Apesar das enormes diferenças de metodologia e de dados, a concordância obtida entre o PETT e o PETPM foi satisfatória (coeficiente de determinação $R^2 = 0,87$). Como vimos, o método de Feddema (2005) depende fortemente do cálculo do PET, ao mesmo tempo que a parametrização do PET não é uma tarefa fácil. Supostamente, depende do clima e, por conseguinte, também das alterações climáticas. Na minha opinião, o sucesso do método de Feddema (2005) dependerá fortemente do sucesso da parametrização do PET. O PET deve ser parametrizado da forma mais simples possível, apesar da sua complexidade (e.g., McAfee, 2013).

2) A distribuição em área dos tipos climáticos de Feddema (2005) no século XX (Figs. 25-26) é comparada com a distribuição em área dos tipos climáticos de Koppen (Fig. 4), com os tipos climáticos biofísicos de Rivas-Martinez et al. (2004, 2011) e com os tipos de estratificação ambiental de Metzger et al. (2005). Note-se que o esquema de Koppen é o mais antigo, os outros esquemas considerados representam esquemas novos, da geração do século XXI. Resumindo as experiências adquiridas, pode dizer-se que as semelhanças reveladas são inequívocas, são muito maiores do que as diferenças.

---

[41] Trata-se de uma exigência científica, que sugere que quanto mais universal for, melhor será.

[42] Trata-se de uma exigência mais societal, que sugere que a ciência serve a sociedade através do conhecimento ou da informação.

3) A distribuição por área dos tipos de clima de Feddema (2005), tanto para os dados observados como para os projectados, é também analisada do ponto de vista da sua relação com os principais controlos geográficos do clima. Os resultados sugerem que as quatro condicionantes (latitude, longitude, relevo e massas de água sem terra) actuam conjuntamente com pesos e forças diferentes, que dependem fortemente da posição geográfica. Os seus efeitos podem ser igualmente reconhecidos nas zonas norte (72°N - 55°N), média (55°N - 42°N) e sul (42°N - 35°N). As relações mais fortes verificam-se nas regiões onde o contraste terra/mar e as diferenças de altitude são grandes. Essas regiões são as terras altas ao longo da zona costeira do Oceano Atlântico, nomeadamente nos Alpes noruegueses, nas Terras Altas escocesas e nas partes noroeste da Península Ibérica.

A nossa questão básica era a seguinte: Quando e em que condições o método de Feddema (2005) é adequado para analisar a estrutura de mesoescala do clima? A resposta é a seguinte: O esquema original de Feddema (2005) funciona especialmente bem na escala meso-p (20 - 200 km) (Orlanski, 1975) em regiões onde o contraste terra/mar e as diferenças de altitude são grandes. Essas regiões situam-se, por exemplo, nos Alpes noruegueses em torno da cidade de Bergen, nas Terras Altas da Escócia, no País de Gales, nas Montanhas da Galiza, na Serra Nevada, nos Alpes do Norte da Albânia, nas Montanhas Pindus e em torno do Monte Ida, atualmente Psiloritis (na tradução "alta montanha") em Creta. O maior gradiente climático da Europa, em torno da Serra Nevada, é bem reproduzido, simulando climas "frios e húmidos" e "frios e semiáridos" nos pixels vizinhos. Note-se também que no Monte Ida o tipo de sazonalidade é "alta sazonalidade de P". Nas regiões costeiras de planície, onde o contraste terra/mar é o controlo geográfico dominante no clima, o esquema original de Feddema (2005) também funciona bem à escala meso-p. Estas regiões encontram-se no sul da Suécia, na Dinamarca, na Irlanda, na Bretanha (França), na Apúlia (Sul de Itália) e na Albânia. A Dinamarca é o melhor exemplo, a sua heterogeneidade climática é inequivocamente grande em relação ao seu território (cerca de 43000 km^2) na região europeia. Nas regiões continentais de planície,
O esquema original de Feddema (2005) funciona bem na escala meso-a (200 - 2000 km) (Orlanski, 1975). Para aumentar a heterogeneidade do tipo de clima na escala meso-p, tem de ser afinado. Isto é mostrado neste livro (Figs. 14 e 15) e é também discutido em pormenor no trabalho de Acs et al. (2015). Penso que uma afinação bem sucedida também pode ser aplicada em França, na Planície do Norte da Europa, na Planície Romena e/ou na Finlândia. Pode ser aplicado em sub-regiões mais pequenas (ver Fig. 5, rectângulos brancos), dependendo apenas dos dados e da sua resolução. Podemos ver tais experiências numéricas, por exemplo, no trabalho de Szabo (2017). Na minha opinião, o ajuste fino pode ser utilizado como ferramenta geral no método de Feddema (2005) para o qualificar para aplicações a qualquer escala, desde a micro, passando pela meso, até à macro-escala. Este assunto é um dos muitos assuntos que devem ser investigados no futuro. Nas terras altas, o esquema original de Feddema (2005) funciona bem à escala meso-p. Este facto é demonstrado neste livro e é também amplamente discutido no trabalho de Acs et al. (2017). Suponho que o esquema de Feddema (2005) também seria aplicável na escala meso-Y (2 - 20 km), e mesmo na escala micro-a (0,2 - 2 km) (Orlanski, 1975). Note-se que estão disponíveis dados de

muito alta resolução na região dos Alpes europeus (por exemplo, Rubel et al., 2016), pelo que existe a possibilidade de efetuar tais investigações.

A questão das alterações climáticas está fortemente associada ao tratamento do clima. No século XX, o padrão espacial dos processos de mudança climática é representado na escala meso-p, e mais na escala meso-a no século XXI, ou seja, o processo de mudança climática é territorialmente mais extenso no século XXI do que no século XX. Note-se que o processo de alterações climáticas é definido de forma inequívoca, em vez de se concentrar na descrição das mudanças nos tipos de clima (por exemplo, Engelbrecht e Engelbrecht, 2016). Os nossos resultados europeus sugerem que as alterações climáticas têm um carácter global, pelo que as alterações climáticas devem ser também "uma questão pessoal, uma questão comunitária, uma questão moral e espiritual, uma questão de governação". "Lembrem-se que é a verdade que nos liberta - e esta liberdade traz consigo uma compreensão das nossas responsabilidades." (Betts, 2016).

Referências

Allen GR, Pereira LS, Raes D, e Smith M, 1998: Crop evapotranspiration-guidelines for computing crop water requirements. FAO Irrigation and drainage paper 56, 1-15, FAO, Roma, Itália.

Alpert P, Neeman BU, e Shay-El Y, 1990: Análise climatológica dos ciclones do Mediterrâneo utilizando dados do ECMWF. Tellus A: Meteorologia Dinâmica e Oceanografia, Vo. 42(1), 65-77, DOI: 10.3402/tellusa.v42i1.11860.

Antal E, 1968: A previsão da irrigação com base na utilização de dados meteorológicos (original: Az öntözes elörejelzese meteorologiai adatok alapjan). Tese de Candidatura a Ciências, Academia Húngara de Ciências, Budapeste, 147 pp.

Auer I, Böhm R, Mohnl H, Potzmann R, e Schöner W, 2000: ÖKLIM: A digital Climatology of Austria 1961-1990, Actas da 3rd Conferência Europeia sobre Climatologia Aplicada, 16 a 20 de outubro de 2000, Pisa, CD Rom, Instituto de Agrometeorologia e Análise Ambiental, Florença.

Äcs F, e Breuer H, 2013: Biophysical climate classification methods (original: Biofizikai eghajlat-osztalyozasi modszerek), http://elte.prompt.hu/sites/default/files/ tananyagok/09 AcsFerenc-Biofiz eghoszt modszerek/index.html

Äcs F, Breuer H, e Skarbit N, 2015: Clima da Hungria no século XX de acordo com Feddema. Theor. Appl. Climatol., Vo. 119,   161-169. DOI 10.1007/s00704-014-1103-5.

Äcs F, Takacs D, Breuer H, e Skarbit N, 2017: Clima e alterações climáticas na região austríaco-suíça dos Alpes europeus durante o século XX de acordo com Feddema. Theor. Appl. Climatol, DOI: 10.1007/s00704-017-2230-6.

Bartholomew JG, Herbertson AJ, e Buchan A, 1899: Atlas of Meteorology. The Royal Geography Society, Edinburgh, Primeira Edição, Terceiro Volume (Uma Série de Mais de Quatrocentos Mapas).

Bencze P, Major Gy, e Meszaros E, 1982: Physical meteorology (original: Fizikai meteorologia), Akademiai Kiado, Budapeste, 300 pp, ISBN 963 052822 3.

Beniston M, 2005: Mountain Climates and Climatic Change: An Overview of Processes Focusing on the European Alps. Pure Appl. Geophys, Vo. 162, 1587-1606, DOI 10.1007/s00024-005-2684-9.

Betts AK, 2016: Para onde é que eu vou a partir daqui? Atmospheric Research, Pittsford, VT 05763(http://alanbetts.com/understanding-climate-change/question/so-where-do-i-go-from-here/)

Blaney HF, e Criddle WD, 1950: Determinação das necessidades de água em áreas irrigadas a partir de dados climatológicos e de irrigação. USDA SCS Techn. Paper, No. 96.

Blasing TJ, 1975: A comparison of map-pattern correlation and principal component eigenvector methods for analysing climatic anomaly patterns. Preprints, Fourth Conf. of Probability and Statistics in Atmospheric Sciences, Amer. Meteor. Soc. 96-101.

Bolin B, 1980: Climatic Changes and Their Effects on the Biosphere, Fourth IMO Lecture, WMO - No. 542, 49 pp, ISBN 92-63-10542-1.

Brugger K, e Rubel F, 2013: Caracterização da composição de espécies de vectores de Culicoides europeus através da classificação climática de Koppen-Geiger. Parasitas & Vectores, Vo. 6: 333, doi: 10.1186/1756-3305-6-333.

Budyko MI, 1963: Atlas do Balanço de Calor da Terra. Academia das Ciências, Moskow, 69 pp.

Canu S, Rosati L, Fiori M, Motroni A, Filigheddu R, e Farris E, 2015: Mapa bioclimático da Sardenha (Itália). J. Maps, Vo. 11, 711-718. http://dx.doi.org/10.1080/17445647.2014.988187

Chan CB, e Ryan DA, 2009: Assessing the Effects of Weather Conditions on Physical Activity Participation Using Objective Measures (Avaliação dos Efeitos das Condições Meteorológicas na Participação em Atividade Física Utilizando Medidas Objectivas). Int. J. Environ. Res. Public Health, Vo. 6, 2639-2654, doi: 10.3390/ijerph6102639.

Choudhury BJ, 1997: Global Pattern of Potential Evaporation Calculated from the Penman-Monteith Equation Using Satellite and Assimilated Data. Remote Sens. Environ., Vo. 61, 64-81.

Cohen J, 1960: Um coeficiente de concordância para escalas nominais. *Educ. Psychol. Meas.*, Vo. 20, 37-46.

Davis RE, e Kalkstein LS, 1990: Desenvolvimento de uma classificação climatológica sinóptica espacial automatizada. Int. J. Climatol, Vo. 10, 769-794.

Elguindi N, Grundstein A, Bernardes S, Turuncoglu U, e Feddema J, 2014: Avaliação das simulações do modelo global CMIP5 e das projecções de alterações climáticas para o século 21st utilizando uma classificação climática de Thornthwaite modificada. Clim. Change, Vo. 122, 523-538.

Engelbrecht CJ, e Engelbrecht FA, 2016: Mudanças nas zonas climáticas de Koppen-Geiger sobre a África Austral em relação aos principais objectivos de temperatura global. Theor. Apppl. Climatol, Vo. 123, 247-261. DOI 10.1007/s00704-014-1354-1.

Essenwanger OM, 2001: Classification of Climates, World Survey of Climatology 1C, General Climatology. Elsevier, Amesterdão, 126 pp., ISBN-13: 978-0444882783.

Fanger PO, 1973: Avaliação do conforto térmico do homem na prática. Br. J. Ind. Med., Vo. 30, 313-324.

Feddema JJ, 2005: Uma classificação climática global revista do tipo Thornthwaite. Phys. Geogr., Vo. 26, 442-466.

Gallardo C, Gil V, Hagel E, Tejeda C, e de Castro M, 2013: Avaliação das alterações climáticas na Europa a partir de um conjunto de modelos climáticos regionais através da utilização da classificação de Köppen-

Trewartha. Int. J. Climatol, Vo. 33, 2157-2166. DOI: 10.1002/joc.3580.

Geiger R, 1954: Classificação dos climas segundo W. Köppen. Landolt-Bömstem - Zahlenwerte und Funktionen aus Physik, Chemie, Astronomie, Geophysik und Technik, alte Serie. Berlin: Springer. **3**. pp. 603-607.

Geiger R, 1961: Überarbeitete Neuausgabe von Geiger, R.: Köppen-Geiger / Klima der Erde. (Wandkarte 1:16 Mill.) - Klett-Perthes, Gotha.

Grundstein A, 2008: Avaliação das alterações climáticas nos Estados Unidos contíguos utilizando um esquema de classificação climática de Thornthwaite modificado. Prof. Geogr., Vo. 60:3, 398412.

Hahn CJ, Rossow WB, e Warren SG, 2001: Propriedades das nuvens do ISCCP associadas a tipos de nuvens padrão identificados em observações individuais de superfície. J. Climate, Vo. 14, 11-28.

Hann J, 1887: Atlas der Meteorologie (Berghaus's Physikalischer Atlas, Abteilung III), Gotha: Justus Perthes, 23 pp.

Hantel H (ed.), 2005: Observed Global Climate, New Series: Landolt Börnstein, Numerical Data and Functional Relationships in Science and Technology, Vo. 6 (Grupo V: Geofísica), Springer-Verlag, Berlim, Heidelberg, ISBN-10: 3-540-202064.

Hantel M, e Haimberger L, 2016: Grundkurs Klima, Springer Spektrum, Berlim, Heidelberg, 404 pp. ISBN 978-3-662-48192-9.

Hargreaves GH, e Samani ZA, 1982: Estimating potential evapotranspiration. J. Irrig. and Drain Engr., ASCE, 108(IR3), 223-230.

Hargreaves GH, e Samani ZA, 1985. Evapotranspiração de referência de culturas a partir da temperatura. Transação da ASAE, Vo. 1(2), 96-99.

Haylock MR, Hofstra N, Klein Tank AMG, Klok EJ, Jones PD, e New M, 2008: Um conjunto de dados europeus diários de alta resolução, em grelha, sobre a temperatura à superfície e 86 precipitação. J. Geophys. Res. (Atmospheres), Vo. 113, D20119, doi:10.1029/2008JD10201.

Heikkinen RK, Luoto M, Araujo MB, Virkkala R, Thuiller W, e Sykes MT, 2006: Methods and uncertainties in bioclimatic envelope modelling under climate change. Prog. Phys. Geogr., Vo. 30(6), 751-777.

HELCOM, 2007: Climate Change in the Baltic Sea Area - HELCOM Thematic Assessment in 2007 (Alterações climáticas na zona do Mar Báltico - Avaliação temática da HELCOM em 2007), Balt. Sea Environ. Proc. No. 111, ISSN 0357-2994.

Hettner A, 1911: Die Klimate der Erde. Geogr. Z., S. 424, 545, 618, 675, separado, mapas e figuras suplementares, Leipzig, Berlim, B.G. Teubner 1930.

Humboldt A, e Bonpland A, 1807: Ideen zu einer Geographie der Pflanzen nebst einem Naturgemalde der Tropenlander. *J.G. Cotta*, Tübingen, Paris, 182 pp.

Jendritzky G, e Tinz B, 2009: O ambiente térmico do ser humano à escala global. Global Health Action, DOI: 10.3402/gha.v2i0.2005.

Jianbiao L, Sun G, McNulty S, e Amatya DM, 2005. A Comparison of Six

Potential Evapotranspiration Methods for Regional Use in the Southeastern United States (Uma comparação de seis métodos de evapotranspiração potencial para uso regional no sudeste dos Estados Unidos). J. Am. Water Resour. Assoc. (JAWRA), Vo. 41(3), 621-633.

Justyak J, 1995: Climatologia (original: Klimatologia), Kossuth Egyetemi Kiado, Debrecen, 227 pp.

Kalkstein LS, Tan G, e Skindlov JA, 1987: An Evaluation of Three Clustering Procedures for Use in Synoptic Climatological Classification. J. Clim. Appl. Meteorol., Vo. 26. 717-730.

Kottek M, Grieser J, Beck C, Rudolf B, e Rubel F, 2006: Atualização do mapa mundial da classificação de Köppen-Geiger. Meteorol. Z., Vo. 15, No. 3, 259-263.

Köppen W, 1884: Die Wärmezonen der Erde, nach der Dauer der heissen, gemässigten, und kalten Zeitund nach der Wirkung der Wärme auf die organische Welt betrachtet. Meteorol. Z., Vo. 1, 215-226.

Köppen W, 1900: Versuch einer Klassifikation der Klimate, vorzugsweise nach ihren Beziehungen zur Pflanzenwelt. Geogr. Zeitschrift, Vo. 6, 593-611, 657-679.

Köppen W, 1918: Klassifikation der Klimate nach Temperatur, Niederschlag und Jahresablauf. Petermanns Geogr. Mitt., Vo. 64, 193-203, 243-248.

Köppen W, 1936: O sistema geográfico dos climas (original: Das geographische System der Klimate). In. Köppen W e Geiger R (Hrsg.): Handbuch der Klimatologie, Bd. 1, Teil C, Borntraeger, Berlim, 44 pp.

Köppen W, e Wegener A, 2015: Os climas do passado geológico (original: Die Klimate der geologischen Vorzeit), editado por: Thiede J, Lochte K, e Dummermuth A, traduzido por: Oelkers B, Instituto Alfred Wegener, Centro Helmholtz de Investigação Polar e Marinha, Gebr. Borntraeger Verlagsbuchhandlung, Estugarda, ISBN 978-3443-01088-1.

Lenton TM, 2003: The coupled evolution of live and atmospheric oxygen, In: Evolution on Planet Earth. The impact of the physical environment, editado por Rothschild LJ e Lister AM, Elsevier, Londres, 35-53, ISBN 0-12598655-6.

Lettau H, 1969: Evapotranspiration Climatonomy. A New Approach to Numerical Prediction of Monthly Evapotranspiration, runoff, and Soil Moisture Storage. Mon. Wea. Rev., Vo. 97, 691-699.

Lhomme J-P, 1997: Para uma definição racional da evaporação potencial. Hydrol. Terra. Syst. Sc., Vo. 1(2), 257-264.

Li C, 2007: Quantificação das emissões de gases com efeito de estufa a partir dos solos: Base científica e abordagem de modelação. Soil Sci. Plant Nutr., Vo. 53, 344-352. doi: 10.1111/j.1747- 0765.2007.00133.x.

Longhurst A, 1998: Ecological geography of the sea. Academic Press, San Diego, 398 pp. ISBN 0-12-455558-6.

Lovelock JE, 1992: GAIA - Die Erde ist ein Lebewesen (original: GAIA - The practical science of planetary medicine), Scherz Verlag, Bern,

München, Wien, 191 pp, ISBN 3-502-17420-2.
Lund IA, 1963: Classificação de padrões de mapas por métodos estatísticos. J. Appl. Meteorol., Vo. 2, 56-65.
Mather AS, e Gunson AR, 1995: A review of biogeographical zones in Scotland. Scottish Natural Heritage Review No. 40.
McAfee SA, 2013:   Diferenças metodológicas no potencial projetado de evapotranspiração. Clim. Change, DOI 10.1007/s10584-013-0864-7.
McKenney MS, e Rosenberg NJ, 1993: Sensibilidade de alguns métodos de evapotranspiração potencial às alterações climáticas. Agric. For. Meteor., Vo. 64, 81-110.
Metzger MJ, Bunce RGH, Jongman RHG, e Mücher CH, 2005: Uma estratificação climática do ambiente da Europa. Global Ecol. Biogeogr., Vo. 14, 549-563.
Mitchell TD, Carter TR, Jones PD, Hulme M, e New M, 2004: A comprehensive set of high-resolution grids of monthly climate for Europe and the globe: the observed record (1901-2000) and 16 scenarios (2001-2100). Documento de trabalho do Centro Tyndall 55, 2-7.
Molnár Zs, Biró M, Bartha S, e Fekete G, 2012: Tendências passadas, estado atual e perspectivas futuras das florestas-estepes húngaras. In: Estepes Eurasiáticas. Ecological Problems and Livelihoods in a Changing World, editado por: Werger MJA, and van Staalduinen MA, Springer, Dordrecht, Heidelberg, New York, ISBN 978-94-0073885-0, 209-253 pp.
Monserud RS, e Leemans R. 1992: Comparação de mapas globais de vegetação com a estatística Kappa. Ecol. Model., Vo. 62, 275-293.
Monteith JL, 1965: Evaporação e ambiente. Proc. 19th Symp. Soc. Exp. Biol., 205-236 pp, Camridge, Camridge University Press.
Naidu CV, Durgalakshmi K, Satyanarayana GC, Malleswara Rao L, Ramakrishna SSVS, Mohan JR, e Ratna KN, 2011: An observational evidence of climate change during global warming era. Global Planet. Change, Vo. 79, Issues 1-2, 11-19.
New M, Hulme M, e Jones PD, 2000: Representing twentieth-century space-time climate variability. Parte II: Desenvolvimento de grelhas mensais de 1901-1996 do clima da superfície terrestre. J. Climate, Vo. 13, 2217-2238.
Oliver JE, 1970: A Genetic Approach to Climatic Classification. Ann. Assoc. Am. Geogr., Vo. 60, 615-637.
Orlanski I, 1975: Uma subdivisão racional de escalas para processos atmosféricos. Bull. Amer. Meteor. Soc., Vo. 56 (5), 527-530.
Pesaresi S, Galdenzi D, Biondi E, e Casavecchia S, 2014: Bioclima da Itália: aplicação do sistema mundial de classificação bioclimática. J. Maps, Vo. 10, 538553. http://dx.doi.org/10.1080/17445647.2014.891472.
Prentice IC, Cramer W, Harrison SP, Leemans R, Monserud RA, e Solomon AM, 1992: A Global Biome Model Based on Plant Physiology and Dominance, Soil Properties and Climate. J. Biogeogr., Vo. 19, 117-134.

Priestly CHB, e Taylor RJ, 1972: On the assesment of surface heat flux and evaporationusing large-scale parameters. Mon. Wea. Rev., Vo. 100, 81-92.

Richard VJ, 1962: Regional Pattern of Climates in Europe According to the Thornthwaite Classification. The Ohio Journal of Science, Vo. 62(1), 39-53.

Rivas-Martínez S, Penas Á, e Díáz TE, 2004: Mapa Bioclimático da Europa - Bioclimas. Serviço Cartográfico, Universidade de León, Espanha. Recuperado em 21 de julho de 2017, de http://www.globalbioclimatics.org/form/bi med.htm

Rivas-Martínez S, Rivas Sáenz S, e Penas-Merino, 2011: Sistema de classificação bioclimática mundial. Global Geobotany, Vo. 1, 1-638.

Rohli RV, Joyner A, Reynolds SJ, Shaw C, e Vázquez JR, 2015: Classificação climática globalmente alargada de Köppen-Geiger e mudança temporal dos tipos climáticos terrestres. Phys. Geogr., Vo. 36, 142-157, http://dx.doi.org/10.1080/02723646.2015.1016382.

Rossow WB, e Schiffer RA, 1991: Produtos de dados de nuvens do ISCCP. Bull. Amer. Meteor. Soc., Vo. 72, 2-20.

Rossow WB, e Schiffer RA, 1999: Avanços na compreensão das nuvens a partir do ISCCP. Bull. Amer. Meteor. Soc., Vo. 80, 2261-2257.

Rubel F, e Kottek M, 2011: Comentários sobre "The thermal zones of the Earth" de Wladimir Köppen (1884). Meteorol. Z., Vo. 20(3), 361-365.

Rubel F, Brugger K, Haslinger K, e Auer I, 2016: O clima dos Alpes europeus: Deslocação das zonas climáticas de Köppen-Geiger de muito alta resolução 1800-2100. Meteorol. Z, PrePub DOI 10.1127/metz/2016/0816.

Rudolf B, Fuchs T, Schneider U, e Meyer-Christoffer A, 2003: Introduction of the Global Precipitation Climatology Centre (GPCC). Deutscher Wetterdienst, Offenbach.

Sanderson M, 1998: The Classification of Climates from Pythagoras to Koeppen. Bull. Am. Meteorol. Soc., Vo. 80, 669-673.

Schrödter H, 1985: Evapotranspiração: Application oriented measurement methods and estimation procedures (original: Verdunstung: anwendungsorientierte Meßverfahren und Bestimmungsmethoden). Springer, Berlim, 186 pp. ISBN 978-3642-70434-5.

Shuttleworth WJ, 1991: Modelos de Evaporação em Hidrologia. In: Land Surface Evaporation: Measurement and parameterization, editado por Schmugge TJ, and André JC, Springer Verlag, New York, Berlin, Heidelberg, 93-120, ISBN 0-387-97359-1.

Sepp M, 2009: Alterações na frequência dos ciclones do Mar Báltico e suas relações com a NAO e o clima na Estónia. Boreal Environ. Res., Vo. 14, 143-151.

Skarbit N, 2012: Climate of Hungary in the twentieth century according to Feddema (original: Magyarország éghajlata a XX. században Feddema módszere alapján). Tese de licenciatura, Universidade Eötvös Loránd, 34 pp.

Skarbit N, 2014: O clima da região europeia durante os séculos XX e XXI de acordo com Feddema (original: Európa éghajlatának alakulása a XX. és a XXI. században Feddema módszere alapján). Dissertação de mestrado, Universidade Eötvös Loránd, 61 pp.

Spalding MD, Fox HE, Allen GR, Davidson N, Ferdana ZA, Finlayson M, Halpern BS, Jorge MA, Lombana A, Lourie SA, Martin KD, McManus E, Molnar J, Recchia CA, e Robertson J, 2007: Marine Ecoregions of the World: A Bioregionalization of Coastal and Shelf Areas. BioScience, Vo. 57, 573-583. DOI: 10.1641/B570707.

Stelczer K, 2000: Bases hidrológicas da gestão do abastecimento de água (original: A vizkeszlet-gazdalkodas hidrologiai alapjai). ELTE Eotvos Kiado, Budapeste, 89 pp.

Szabo AI, 2017: Investigação do clima da Bacia dos Cárpatos utilizando diferentes métodos de classificação climática e o conjunto de dados CarpatClim. Dissertação de mestrado, Universidade Eotvos Lorand, 42 pp.

Takacs D, 2016: Classificação regional do clima alpino de acordo com Feddema: Aplicações na Europa Central (original: A hegyi eghajlat regionalis osztalyozasa Feddema alapjan: kozep-europai alkalmazasok), Dissertação de Mestrado, Universidade Eotvos Lorand, 74 pp.

Thornthwaite CW, 1931: Os climas da América do Norte de acordo com uma nova classificação. Geogr. Rev., Vo. 21, 633-655.

Thornthwaite CW, 1948: Uma abordagem para uma classificação racional do clima. Geogr. Rev., Vo. 38, 55-94.

Thornthwaite CW, e Mather JR, 1955: The Water Balance. Publ.in Climatology, Vo. 8, No. l. 8, No. l. CW Thornthwaite & Associates, Centerton, New Jersey.

Toth T, e Rajkai K, 1994: Correlações entre solo e planta numa pastagem solonetzica. Ciência do Solo, Vo. 157, 253-262.

Zhang L, Wang C, Li X, Cao K, Song Y, Hu B, Lu D, Wang Q, Du X, e Cao S, 2016:   Uma nova classificação paleoclimática para o tempo profundo. Paleogeografia, Paleoclimatologia, Paleoecologia, Vo. 443, 98-106.

Wace N, 1990: Os climas térmicos mundiais e os conceitos de sazonalidade e continentalidade na classificação climática. Erdkunde, Vo. 44, 237-259.

Walterscheid SK, 2011: Classificação climática das áreas oceânicas da Terra usando o sistema Koppen. Dissertação de Mestrado, Universidade do Estado do Kansas, Manhattan, Kansas, 180 pp.

Wang K, e Dickinson RE, 2012: A Review of Global Terrestrial Evapotranspiration: Observation, Modeling, Climatology and Climatic Variability (Observação, Modelação, Climatologia e Variabilidade Climática). Reviews of Geophysics, Vo. 50, 1-54, Paper number 2011RG000373.

Watson AJ, e Lovelock JE, 1983: Homeostase biológica do ambiente global: a parábola de Daisyworld. Tellus, Vo. 35B, 284-289.

Wegener AL, 1929: A Origem dos Continentes e dos Oceanos (original: Die Entstehung der Kontinente und Ozeane), quarta edição, Friedrich

Vieweg & Sohn Akt. Ges., Braunschweig, ISBN 3-443-01056-3.
White EJ, e Perry AH, 1989: Classificação do clima de Inglaterra e do País de Gales com base em dados agroclimáticos. Int. J. Climatol, Vo. 9, 271-291.
Willmott CJ, e Feddema JJ, 1992: Um índice de humidade climática mais racional. Prof. Geogr., Vo. 44, 84-88.
van der Besselaar EJM, Haylock MR, van der Schrier G, e Klein Tank AMG, 2011: A European Daily High-resolution Observational Gridded Data Set of Sea Level Pressure. J. Geophys. Res., Vo. 116, D11110, 11 p.
van der Linden P, e Mitchell JFB, 2009: ENSEMBLES: Alterações Climáticas e seus Impactos: Summary of Research and Results from the ENSEMBLES project. Met Office Hadley Centre, Fitzroy Road, Exeter EX1 3PB, Reino Unido. 160p.
Xu C-Y, Singh VP, 2001: Avaliação e generalização de métodos baseados na temperatura para o cálculo da evaporação. Hydrol. Process., Vo. 15, 305-319.
Yamauchi T, Shimamura S, Nakazono M, e Mochizuki T, 2013: Formação de aerênquima em espécies de culturas: A review. Pesquisa de Culturas de Campo, Vo. 152, 8-16.
Yan YY, 2005: Climas térmicos humanos na China. Phys. Geogr., Vo. 26:3, 163-176.
Yang SQ, e Matzarakis A, 2016: Implementação da informação de conforto térmico humano na classificação climática de Koppen-Geiger - o exemplo da China. Int. J. Biometeorol, DOI 10.1007/s00484-016-1155-6.

I want morebooks!

Buy your books fast and straightforward online - at one of world's fastest growing online book stores! Environmentally sound due to Print-on-Demand technologies.

Buy your books online at
www.morebooks.shop

Compre os seus livros mais rápido e diretamente na internet, em uma das livrarias on-line com o maior crescimento no mundo! Produção que protege o meio ambiente através das tecnologias de impressão sob demanda.

Compre os seus livros on-line em
www.morebooks.shop